U0237397

國家藝術基金
CHINA NATIONAL ARTS FUND
国家艺术基金2020年度
艺术人才培养资助项目

彩票公益基金资助
——中国福利彩票和中国体育彩票、
国家艺术基金资助

中竹

『传统竹家具传承与创新设计人才培养』作品集

宋莎莎　费本华◎主编

中国林業出版社

图书在版编目（CIP）数据

中·竹："传统竹家具传承与创新设计人才培养"作品集 / 宋莎莎，费本华主编. -- 北京：中国林业出版社，2024.3

ISBN 978-7-5219-2215-8

Ⅰ.①中… Ⅱ.①宋… ②费… Ⅲ.①竹家具－设计－作品集－中国－现代 Ⅳ.①TS664.201

中国国家版本馆CIP数据核字(2023)第105089号

策划编辑：樊　菲
责任编辑：樊　菲　陈　慧
装帧设计：北京八度出版服务机构

———————————————

出版发行：中国林业出版社
（100009，北京市西城区刘海胡同7号，电话83143610）
电子邮箱：cfphzbs@163.com
网址：www.forestry.gov.cn/lycb.html
印刷：北京博海升彩色印刷有限公司
版次：2024年3月第1版
印次：2024年3月第1次
开本：889mm×1194mm　1/20
印张：10
字数：280千字
定价：128.00元

本书编委会

主　编：宋莎莎　费本华

副主编：王　莉　王传龙

编　者：奂圣鑫　吴春锦　崔　涛　高　阳
黄　勇　金长明　考贝贝　李　明
李　珊　李霞霞　刘晶晶　刘玲玲
裴立波　祁　萌　田霖霞　王金凤
王锡斌　吴　珏　徐晓莉　谢传月

序言/ FOREWORD

竹子生长快、成熟快，3～5年即可持续采伐，且年年出笋长竹，产量高，一次造林可永续利用。竹材是重要的生物质材料，竹制品在使用后能很快地自然生物降解，更好地保护环境，保护人类健康。“以竹代塑”还可减少碳排放，助力实现“双碳”目标，实现绿色发展。

国际竹藤组织牵头“以竹代塑”系列推广活动，并和中国政府共同发布了“以竹代塑”倡议，推动制定“以竹代塑”利好政策、推进“以竹代塑”科技创新、促进“以竹代塑”市场推广和加大“以竹代塑”公共宣传。

以更加环保的竹材制作家具用品，实现“以竹代塑”和“以竹代木”，能充分利用竹材的优良性能和美学价值。

国家艺术基金2020年度艺术人才培养资助项目“传统竹家具传承与创新设计人才培养”的成果作品，聚焦了竹家具艺术传承和文化价值挖掘，展现了竹文化、地域特色、时代风貌和当代价值。深入的实践和研究推动了竹家具产品的创新与发展。

傅金和
国际竹藤组织
2024年1月30日

前言 / PREFACE

屮，寓意着草木破土初生，根系大地，吮吸雨露，心生欢喜，洋溢着清新自然的灵动气息，蕴含着势如破竹的旺盛生命力。《论衡》云："艸初生为屮，二屮为艸，三屮为芔，四屮为茻，言其生之繁芜也。"

屮竹者，竹家具产业践行者也。在国家"绿水青山就是金山银山""以竹代塑""推动绿色发展，促进人与自然和谐共生"的理念和政策春风轻拂下，竹家具产业必如春笋破土而出，拔节而上，舒展新绿。今日为屮，明日为艸，从者众之，他日必为芔为茻，欣欣然而成势。

以竹造物，以物载道，延续与传承竹之质美与意涵。以竹生态之美，为家具产品注入绿色功能。党的二十大报告指出，推动绿色发展，促进人与自然和谐共生。竹本是草，却是出类拔萃的草，几乎可以做到"取之不尽，用之不竭"。兴竹林，应民生。发挥竹之生态美，巧妙构思竹家具原创设计，多元融合，用"生态健康+"的理念构建竹家具绿色设计、制造与服务系统。

本书是由北京林业大学承担的国家艺术基金2020年度艺术人才培养资助项目"传统竹家具传承与创新设计人才培养"的成果作品集，收录了来自全国各地的20名学员的竹家具作品，以"竹元素"为创作主题，深入挖掘竹材的设计美、质感美、技术美、生态美等，展现了竹文化及竹家具传承基础上的设计实践探索，是对竹文化和传统竹家具继承和创新的有力促进和引导。本书适用于家具设计与工程专业、艺术设计专业师生学习参考，也可供竹文化爱好者阅读收藏。

宋莎莎
2024年1月30日于北京

目录 CONTENTS

1

项目概述

项目背景及特点：

为了深入贯彻习近平新时代中国特色社会主义思想与党的二十大精神；深入践行绿水青山就是金山银山理念，聚焦服务生态文明建设，全面推进乡村振兴、碳达峰碳中和等国家重大战略，更好地弘扬中华民族优秀文化的传承与发展；推进“文化中国”建设，形成传统竹家具“一带一路”特色发展，培养竹家具优秀技艺人才，继承竹家具技艺精髓，繁荣我国竹家具艺术产品市场；举办“传统竹家具传承与创新设计人才培养”课程势在必行且具有广泛的社会意义。本项目有利于传播生态文明理念，提升人与家具之间情感交流层次，激发人们对竹家具产品新的认知，为广大人民群众创造更好的生存环境提供理论指导。

中国传统竹家具蕴含着深刻而又丰富的生态美学思想，通过对传统竹家具独特的文化本性进行深入的研究，不仅可以充实中国家具的研究内容，也可为竹家具的文化、设计和制造提供理论依据，为中华优秀传统文化的创造性转化和创新性发展奠定理论基础。传统竹家具发展应当有效进入市场，成为具有高附加值和文化共享价值的商品，并与市场发生良好的互动，成为带动社会文化发展的原动力。同时，我国作为典型的竹资源丰富而木材资源相对匮乏的国家，配合“一带一路”推动国家竹藤产业的可持续发展，大力发展竹家具产业，有助于缓解环境压力以及木材资源紧张的产业局势。

本项目结合北京林业大学的资源优势、经验能力和特点特色，立足竹木家具产品本体、文化滋养、工艺传承、艺术发展、社会需求，实现资源整合、培训精办，为竹家具一线产业培养家具高端专业人才。

项目主体：

北京林业大学是教育部直属、教育部与国家林业和草原局共建的全国重点大学，入选世界一流学科重点建设高校。学校学术实力雄厚，学科门类齐全，办学特色鲜明，以生物学、生态学为基础，以林学、风景园林学、林业工程、草学和农林经济管理为特色，是农、理、工、管、经、文、法、哲、教、艺等多门类协调发展的全国重点大学。

北京林业大学材料科学与技术是国家级重点学科，拥有实力雄厚的木质家居制品设计、材料研发、生产技术与装备的科研技术队伍，是我国林业系统首个“林木资源高效培育与利用”协同创新中心和“林木生物质材料与能源”教育部工程研究中心的挂靠单位，拥有“木质材料科学与应用”教育部重点开放实验室、“木材科学与工程”北京市重点实验室，以及“木材科学与技术实验教学中心”北京市实验教学示范中心。为适应家具行业的快速发展和人才需求，充分发挥家具专业的特色和交叉学科的优势，将材料、技术、工程、科学、艺术等紧密结合。“家具设计与工程”专业以家具产品与家居环境为主要对象，高度重视传统文化的传承、传统手工艺的创造性转化和创新性发展、高素质复合设计人才的培养。

作为首都高校，北京林业大学的家具设计与工程专业方向的定位、人才培养与科技创新都应与行业发展以及首都城市功能定位相契合。北京林业大学的家具设计与工程方向的科研学术聚焦与创新平台建设应致力于以传统家具文化为生长点、以数字化生产与智能制造技术革新为驱动力、以创新福祉设计为融合剂、以定制消费需求与产业升级转型为突破口，促进家具行业科技、设计、文化与经济建设、城市发展、市民生活的共融共生。积极围绕家居产品的新的研究领域开展创新设计研发，开展产学研合作与成果转化，推动行业发展。北京林业大学材料科学与技术学院与美国、加拿大、芬兰、丹麦等国家的高校和科研机构建立了广泛的人员交流和科技合作关系。

项目价值和意义：

高度的民族化，高度的情感化，将成为未来家具设计的一大趋势。中国传统竹家具有着悠久的历史，具有丰富的人文底蕴，因其具有返璞归真的造型和色彩，充满大自然的质朴气息，温馨和浓郁的民族风为人们所喜爱。中国传统竹家具蕴含着深刻而又丰富的生态美学思想，通过对传统竹家具独特的文化本性进行深入的研究，不仅可以充实中国家具的研究内容，也可为竹家具文化、设计和制造提供理论依据，为中华优秀传统文化的创造性转化和创新性发展奠定理论基础；更有利于传播生态文明理念，提升人与家具之间的情感交流层次，激发人们对竹家具产品新的认知，有助于改善生活环境，为广大人民群众创造更好的生存环境。

创新，是一个民族的灵魂。文化传承创新可以推动社会实践的发展。活态传承是中国传统器物、传统文化重要的传承特征。因此，传统竹家具发展应当有效进入市场，成为具有高附加值和文化共享价值的商品，并与市场发生良好的互动、相互推进，成为带动社会文化发展的力量和原动力。同时，我国作为典型的竹资源丰富而木材资源相对匮乏的国家，配合“一带一路”推动国家竹藤产业的可持续发展，大力发展竹家具产业，有助于缓解环境压力以及木材资源紧张的产业局势。传统竹家具的创新生态设计融合文化、科学、技术和艺术，将现代设计理念与传统工艺相结合，作为宣传和交流可影响人们的概念和情绪，正确对待科技革新是传统工艺和传统文化得以传承的保障。所以，作为一种社会因素，研究传统竹家具对社会大众认知度提高作出的贡献，对环境保护以及绿色可持续发展，具有非常重要的应用价值和现实意义。

“传统竹家具传承与创新设计人才培养”是国家艺术基金2020年度艺术人才培养资助项目，旨在推广和普及传统竹家具文化和技艺，将传统竹家具技艺与文化共享融合，提升竹家具产品的竞争力。该项目立足于国内竹家具发展的现实状况，以北京林业大学材料科学与技术学院和国际竹藤中心为培训基地，联合福建省永安市竹产业研究院，以国内一流的竹家具产品创作领域的理论专家与实践人才为依托，以高新创作设备和技术为支撑，以知识传授、能力培养、素质提高三个层次的培养理念结合区域特色化、加强艺术修养、挖掘艺术潜质，开展传统竹家具传承与创新设计的创作人才培训工作。

项目组力求通过系统的理论培训和专业技能辅导，使得产品设计师、艺术创作者、教育从业者等从理论素养、专业技能到实践操作等方面得以较大提升，为社会培养具有守正创新精神和专业素养的高端竹艺术产品创作人才。

教学上以“深入民间、文化滋养、强化基础、多元创新、动手实践”为主旨，强调以知识传授、能力培养、素质提高几个层次为培养架构，重点培养学员的创新能力与实践能力，促进人才培养内涵式发展。学员在阶段学习中，能对整个传统竹家具文化有感性的认知和理性的理解，掌握传统竹家具设计方法与制作技艺，为后期竹家具设计创作和传承提供帮助。用中华传统优秀竹文化来滋养学员心灵，从国内竹产区的知名竹家具企业中汲取竹家具技艺丰富的养分，为创作储备灵感，促进传统竹家具文化艺术和技艺得到传承和发展。

该项目旨在将传统竹家具的创新生态设计融合文化、科学、技术和艺术，发展地方经济，弘扬工匠精神，确立文化自信，创新文化传承。该项目充分发挥了北京林业大学材料科学与技术学院家具设计与工程专业在木竹材料研究及创新设计应用上的优势，对促进北京林业大学林业工程学科和家具设计与工程专业建设，推动国家木竹产业的绿色可持续发展具有重要意义。

国家艺术基金2020年度艺术人才培养资助项目

传统竹家具传承与创新设计人才培养开班仪式

2022.07.25 北京

2

课程回顾

学习贯彻习近平总书记关于文艺工作重要论述和指示批示

2022年7月25日上午，国际竹藤中心主任费本华为“传统竹家具传承与创新设计人才培养”培训班学员授课，讲座主要围绕习近平总书记对广大文艺工作者提出的几点希望、习近平总书记对竹产业发展的指示精神、传统竹家具的创新设计3个方面展开讲述。

费主任以习近平总书记在中国文联十一大、中国作协十大开幕式上的讲话“文艺工作者要想有成就，就必须自觉与人民同呼吸、共命运、心连心，欢乐着人民的欢乐，忧患着人民的忧患，做人民的孺子牛”，向学员们指出党和国家高度重视文艺和文艺工作的原因和重要性，并指出中华民族的文化内涵是千年历史积淀而成的，需要文艺工作者薪火相传的，并且时刻秉持不忘初心、牢记使命的文化传承信念。费主任分析了党的十八大以来习近平总书记关于文艺发展的关键问题作出的重要论述，从“文艺创作”“弘扬中国精神”“两个效益相统一”“弘扬中华优秀传统文化”“文化走出去”5个方面展开讨论，综合提出了要立足新时代文艺发展新形势作出有力指导和推动的一系列观点。在文艺创作方面，要结合传统竹家具的传承与创新，将创作生产优秀作品作为文艺工作的中心环节，以提高竹家具产品质量作为文艺作品的生命线。竹家具产品的创作一定是扎根人民、来源于生活的，要坚持以人民为中心的创作导向。在弘扬中国精神方面，更要把爱国主义作为竹家具产品创作的主旋律，引导人民树立和坚持正确的精神观念。在两个效益相统一方面，费主任又进一步指出竹家具的创作不可以在市场经济大潮中迷失方向，更不能成为市场的奴隶，要围绕自身特色做有价值、有内涵的作品。在弘扬中华优秀传统文化方面，要时刻坚守中华文化立场，推动中华优秀传统文化的创造性转化与创新性发展。在文化走出去方面，要创作更多体现中华文化精髓、反映中国人审美追求、传播当代中国价值观念、符合世界进步潮流的优秀作品。

费主任依据习近平总书记对广大文艺工作者提出的希望，愿学员们能够从民族复兴、人民立场、守正创新、讲好中国故事、坚持弘扬正道5个角度出发，把个人的道德修养、社会形象与作品的社会效果统一起来，坚守艺术理想，追求德艺双馨。习近平总书记在福建工作期间就曾提出：“要搞竹子深加工，把小竹子做成大产业。”竹家具作为我国竹文化的一项重要组成部分，其传承和创新也遵循了习近平总书记关于文艺工作重要论述的指示，顺应建成文化强国、实现中华民族伟大复兴的需要。此外，希望学员们应将眼光放在全球发展的框架下，并举出“零胶工程”“以竹代塑”的探索和倡议。

中国是世界竹子分布的中心，竹子与国人生活息息相关。在中国文化中，几乎每件物品，无论实用或装饰，都会有竹制品的出现。费主任指出，针对竹家具行业至今仍存在材料利用率低、生产效率低、审美及功能性差等问题，传统竹家具传承与创新设计人才培养势在必行。他希望学员们能将创新精神贯穿设计创作，融合文化、科学、技术和艺术，利用中国传统竹家具所蕴含的生态美学思想，创造具有高附加值和文化共享价值的竹家具产品，通过创新设计人才培养振兴传统竹家具产业，发展地方经济，弘扬工匠精神，确立文化自信，创新文化传承。

竹业科学创新与发展

2022年7月25日下午，国际竹藤中心主任费本华以“竹业科学创新与发展”为题开展了“传统竹家具传承与创新设计人才培养”项目的第二场讲座，主要从发展现状、科技创新、机遇与挑战、未来发展方向4个方面进行分析和展望。

在发展现状方面，从我国竹资源的现状出发，费主任向学员们介绍了我国竹资源的分布情况，指出中国在发展竹行业上的天然优势。依据近10年我国竹产业产值逐年剧增的数据，竹材在多行业广泛应用的现状，中国竹产品出口种类及贸易额的大范围占比，他提出中国作为世界上最大的竹产品制造国和出口国发展前景良好。

科技创新方面，21世纪以来竹产业科技取得明显进步，已获得与竹材相关国家级奖项10项，同时新技术和新产品都在不断涌现，并申报了专利技术。其中，费主任详细列举了毛竹基因组测序、竹质工程材料制造关键技术研究与示范、刨切微薄竹生产技术与应用等多项科技成就，从栽培育种效率的提高、复合材料的研发、加工技术的突破，以及竹林生态系统的碳汇能力等多方面，提供竹行业科技创新的新思路和落脚点。

在机遇与挑战方面，基于中央精神和国家政策，国家对于竹产业的要求和期望，中共中央办公厅、国务院办公厅印发了《关于建立健全生态产品价值实现机制的意见》（简称《意见》），要求各地区各部门结合实际认真贯彻落实。竹产业作为绿色生态产业，应按照《意见》要求走出特色发展之路。相应地，各省份也出台了针对竹产业发展的政策，帮助各企业因地制宜发展竹产业。但是，目前竹行业仍面临劳动力成本上升过快、原材料供不应求、消费者对竹制品的需求量大与生产力不足等一系列挑战。因此，为确保实现竹业科学创新与发展，关键点在于抓住形势和机遇，同时基于市场面临的不同挑战，发挥竹产业自身优势，并进行完善与改进。

就未来的发展方向而言，费主任提出了4点展望：一是合理规划布局，优化产业结构；二是建立国家竹材仓储机制，完善竹产业链条，提高市场竞争力；三是正确把握商品竹材发展方向；四是加大科技创新，构建竹产业科技创新和成果共享平台，推进产、学、研、用深度融合。

费本华简介：

· 国际竹藤中心研究员、博士生导师

· 竹质工程材料首席专家

曾任国家林业和草原局国际竹藤中心主任、国际标准化组织竹藤技术委员会（ISO/TC 296）主席、国家竹藤工程技术研究中心主任、中国竹产业协会会长。

长期致力于竹材细胞壁表征技术、竹质工程材料制造技术研究，并取得较大突破。研究成果“竹质工程材料制造关键技术研究与示范”获国家科学技术进步奖一等奖（第二完成人），“植物细胞壁力学性能表征技术及应用”获国家科学技术进步奖二等奖（第一完成人）；授权国家发明专利15项，发表SCI论文110余篇；主编《竹材保护学》《圆竹家具学》等专著10余部；培养研究生43名。

被授予省部级骨干教师、“新世纪百千万人才工程”国家级人选、全国优秀科技工作者、国际木材科学院院士等荣誉称号，享受国务院政府特殊津贴。2021年入选中国工程院院士有效候选人名单。

盛世华彩凝匠心——清代宫廷竹木家具鉴赏

2022年7月26日，故宫博物院研究馆员周京南为“传统竹家具传承与创新设计人才培养”培训班学员授课，讲座主题为“盛世华彩凝匠心——清代宫廷竹木家具鉴赏”。

讲座内容主要围绕传承古典家具文化，探索宫廷家具之美为切入点，周研究馆员为学员们系统讲授了中国家具的发展历程，鉴赏清宫家具之美，多角度解读中国古典家具陈设知识；同时重点分析了清代宫廷竹木家具的特点及鉴赏等内容。

周研究馆员以具有代表性的故宫珍藏竹木家具为案例，向学员们讲解其精巧工艺。他用生动的案例向学员们深入分析宫廷竹木家具雕刻工艺之精湛，其雕刻元素多以吉祥图案、文人画作为主。

最后，周研究馆员引入问题——“如何思考现代竹家具设计所需的文化内涵？”“如何将中国传统古典美学与现代竹家具设计融为一体？”等，与学员们展开交流讨论。周研究馆员认为，当今的竹木家具设计，不仅要继承传世家具的可取之处，还可从古代陶瓷、玉器、珐琅、青铜以及建筑内檐装修上汲取养分，找寻灵感，为当今的设计作品提供设计思路或方法。优秀的竹家具设计不是一蹴而成的，诚所谓“积晦明风雨之勤”，竹木家具需在“集腋成裘，聚沙成塔”的不断研究过程中传承并创新。

本次周研究馆员的深入讲授，让“传统竹家具传承与创新设计人才培养”项目的学员们了解到，如何鉴赏清宫家具之美，如何思考传统竹家具设计蕴藏的文化内涵，以及如何将中国传统文化与现代竹家具设计融为一体。学员们纷纷反馈听了周研究馆员的讲座受益良多，获得了很多用于日后项目开展的灵感素材和突破方法。

周京南简介：

· 故宫博物院研究馆员　　· 中国林产工业协会楠木专业委员会主任委员
· 国家林业和草原局木雕标准化技术委员会委员　　· 从事明清家具研究、原状陈列及复原工作

参加了故宫博物院主编的《故宫博物院藏文物珍品大系》“家具卷”的主要撰写工作；主持了永和宫清代妃嫔展，先后参加了天府永藏展、“天子万年——皇帝万寿展”、“龙凤呈祥——皇帝大婚展”、皇极殿原状展、寿康宫原状恢复展的工作；撰写了多篇有价值的学术论文和多部学术著作，主要论文及著作有《黄花梨与明式家具风格初探》《明清家具识真》《元代宫廷紫檀使用考》《乾隆时期宫廷家具嵌玉装饰述论》《苏式家具对清宫家具影响述论》《楠木与清代帝王家居生活述论》《论广式家具对清宫家具的影响》《从钦安殿雨花阁到坤宁宫看不同宗教信仰在紫禁城内的融合》《木海探微——中国传统家具史研究》《盛世美器话贴黄》《灵秀可人的文竹家具》。2016年出版了专著《木性药考——中国传统家具用材的药用价值研究》一书，对传统家具木材的药用价值进行详细的梳理考证，开创了家具研究的新思路，拓宽了家具研究的范围。

家具材料与应用

2022年7月27日，北京林业大学材料科学与技术学院教授张求慧为“传统竹家具传承与创新设计人才培养”培训班学员授课，主题为“家具材料与应用”。张求慧教授主要围绕家具材料概论、木材与木质人造板、竹材及竹集成材、其他材料、材料综合应用5个方面展开讲述。

张教授旨在让学员学习竹家具文化内涵，增强文化自信，掌握竹质家具材料的力学特性和应用价值，并明确竹家具发展的新方向。张教授希望学员们通过这次的讲座能够深入学习家具材料知识，尤其在木竹质材料上有所收获，为后续的家具行业工作奠定坚实基础，能对木竹家具产品的性能和质量评价有更深入的了解。

张教授以常用家具材料的主要性能特点为主线，讲授了国内外具有代表性的家具作品及其所用材料；指出材料对于家具产品的最大贡献在于，赋予其功能、强度、舒适性，以及特殊的美学观赏价值；不同材料在质感、性能、表达语言上存在差异，是构成家具风格多样化的因素之一，也是成就诸多经典家具作品的根源所在。

目前，绿色家具在时代浪潮中应运而生，其设计理念在家具生命周期过程中，符合生态环境保护的要求。家具产品对人体健康无害或危害较小，能源损耗小且品质高。绿色家具的代表之一便是竹家具。竹材具有生长快，轮伐期短，色泽和质感天然，干缩湿胀小，绿色无污染，收缩率小，以及割裂性、弹性和韧性较好等特点。其顺纹抗拉强度约为杉木的2.5倍，顺纹抗压强度相当于杉木的1.5倍。竹材光滑坚硬，耐磨，纹理通直，色泽高雅，将其作为结构材料和装饰材料都具有良好的应用前景。这些竹材特性便造就了竹家具的绿色环保性。

中国是世界上竹类资源最丰富的国家，素有“竹子王国”之称，无论是竹子种类、竹林面积、竹子蓄积量及竹材的产量，都雄居世界首位。目前，我国竹子种类已知40多属400余种，约占世界竹类种质资源的1/3。随着木材资源日益紧缺，竹材加工利用有着重要的意义。近年来，我国竹产业发展迅速，已成为我国林草产业发展的重要增长点。

目前，集成材因其材性上突出的特点在国际市场上非常流行，各种实木建筑结构（制作各种造型的梁、柱、架等）、实木门窗、大幅面实木地板均可采用集成材。竹集成材作为一种新型家具材料，它以天然竹材为原料加工成一定规格的矩形竹片，经“三防（防腐、防霉和防蛀）”、干燥、涂胶等工艺处理进行组坯胶合而成。与木材相比，竹集成材的抗拉、抗弯、抗压强度以及干缩系数更加优秀，是优良的家具用材。

最后，张教授与学员们对于家具用材的选择展开热烈交流讨论，并提出了对于竹家具发展的产业预判与美好展望：优化家具产业布局，提升规划合理性；提高竹家具原材料运输与储存效率，减少过程损耗；把握创新设计方向，提高产品的市场竞争力；加强竹家具的文化内涵宣传，让更多人了解竹文化。

本次讲座线上线下授课的协同教学模式，让学员们对竹家具的实用性，以及其作为绿色家具的环保性都有了细致入微的学习，并且更加深入体会到竹文化的深刻内涵，为“传统竹家具传承与创新设计人才培养”传承木竹家具制作工艺、传播家具文化内涵注入活力，让传统文化在新时代被赋予更强的生机。

张求慧简介：

· 北京林业大学材料科学与技术学院教授、博士生导师

主要从事新型家具材料、包装材料及性能修饰方面的研究，包括木质复合材料的功能化增强、木材液化以及木材阻燃壁纸的相关研究。

主持及参与了“十二五”国家科技支撑计划、国家自然基金、国家林业局（现国家林业和草原局）公益项目、国家林业局948项目、北京市教委共建项目等10余项国家级、省部级项目。

竹工业设计战略与高质量发展——竹文化与竹具设计

2022年7月28日，清华大学美术学院副教授于历战为国家艺术基金2020年度艺术人才培养资助项目“传统竹家具传承与创新设计人才培养”学员授课，主题为“竹工业设计战略与高质量发展——竹文化与竹具设计”。于教授主要围绕竹子的文化属性、国内外竹产业现状、竹材特点与种类、各国知名竹工艺设计，以及改变设计的关键要素等多方面展开讲述。

首先，于教授通过列举玉石、硬木几种带有中国文化属性的材料，引出竹子在生活、建筑、文化、艺术、精神5个方面的文化属性及应用，并向学员们展示了中国传统竹家具的经典作品，使大家在讲座初始通过案例感受到竹材在中华文化中的独特魅力。

其次，于教授从建筑、工业、家具材料几个角度分析国内外竹产业的状况和发展趋势，并指出中国竹产业存在规模小、工业化水平不高、整体未进入现代工业和商业体系等问题，并且依据各国的竹产业发展规划总结国际目前竹产业的趋势。例如：竹建筑设计领域，自然材料、传统与现代技术相结合；竹家具设计趋势，竹制家具异军突起；竹产品设计趋势，产品兼具竹材特性及现代设计美感；竹工艺品设计趋势，传统手工艺与现代工艺品设计并存。

依据竹材料的自然条件，于教授总结了竹材料的优缺点，分析了竹材作为天然材料具有绿色环保、力学性能优异、纹理美观、曲线流畅等优点，以及圆竹不能开榫、易开裂腐蚀、无法进行机械化生产、耐久性差、加工材料工艺难度大、结构稳定性不够成熟等缺点。同时，于教授讲解了除圆竹、竹篾之外，现代化工艺技术下改良性能的新材料种类，包括整竹、竹木、重竹；同时以建筑设计这一领域为例，分析竹材的环保性和可持续性。

此外，于教授通过对比越南、印度、泰国、日本、中国等不同国家的竹器工艺及竹产品设计特色，指出设计作品应将眼光放在国际视野，并提出改变设计的要素：新技术、新材料、新行为方式、新观念。于教授还列举了近年来国际上的竹家具展览作品，展示了新时代背景下关于竹的实验，如竹钢装置作品、生物可降解竹3D打印作品等，丰富了学员们对竹家具前沿设计概念的认识，也为学员们的项目设计提供了新思路。

行为方式与家具设计

2022年7月29日，清华大学美术学院副教授于历战以“行为方式与家具设计”为题进行了“传统竹家具传承与创新设计人才培养”项目的第二场讲座，课程内容主要从中国不同时代人们“坐”的形式探讨开始，针对坐姿种类到坐具种类的演变过程，展示了行为方式对家具形态、设计形态的改变；同时分析了心理行为在家具设计中的应用，以及现代行为学中微动作与家具的关系。

人们的生活环境是生存、文化的外部因素，生活在这个世界上的每一个人都不可能脱离生活环境而独立存在，人的存在也对生活环境起着举足轻重的作用。设计构造了人们的生活环境，改变了人们的行为方式，而人们的行为又反过来影响设计。它们在相互作用中对人类的生活环境产生了深刻的影响。

首先，于教授从席居时代的坐姿讲起，分析人们不同坐姿变化影响下产生的不同种类的坐具，逐个分析“坐”与“座”的关系；同时以“跪坐的消失直接导致了以凭几为代表的低坐具的消失”为依据，向大家阐述“行为方式的改变直接导致了家具形态的改变”这一观点。

其次，于教授从对“坐”的探讨引入，讲解了其他生活行为方式在改变家具形态设计中的一些应用。人类具有自己独特的行为方式，这些行为方式大多是由人类生理特点所决定的，有些是心理活动影响下的行为，还有许多是人们在长期的社会环境中形成的社会行为，不同的行为方式反映在人们使用的家具上，就形成了丰富多彩的家具种类。因此，家具的本质目的就是满足人们日常生活中细腻而多样的不同类型行为方式所体现出的需求。

关于行为心理学在家具设计中的应用，于教授以“Feltri”扶手椅、蛋壳椅等案例向学员们进行了介绍，强调“心理行为”与“家具设计”之间的相互作用，以此引申出现代行为学中有关微动作与家具之间关系的研究。人体的躯体、上肢、下肢的动作常常与家具发生互动关系，这是需要设计者发掘的。于教授以课题成果为例分析“侵占”现象、非常规动作、“把玩”行为等人体活动现象的发生内因，以及针对这些行为的设计方案。

最后，于教授提出审美和艺术素养是慢慢积累的，并对设计师应该怎么根据行为方式做出家具设计提出了5点建议，即：从人的行为本身出发进行分析、思考问题并呈现到设计；对家具的功能、细节进行更深入的优化；甚至可以从本质上去探索家具存在的意义；扩大其所诠释的维度，让家具呈现更加丰富合理的功能；为今后相关方面的设计和研究提出新的思考和方向。讲座结束后，学员们针对课堂内容和于教授进行交流讨论，共同探讨“传统竹家具传承与创新设计人才培养”项目中竹家具设计的新方向和新突破，期望能给社会提供良性的导向。

于历战简介：

- 清华大学美术学院长聘副教授、博士生导师
- 清华大学美术学院环境艺术设计系副主任
- 清华大学美术学院家具设计研究所所长
- 中国家具协会常务理事、设计专业委员会委员
- 中国建筑装饰协会软装陈设分会学术副主任委员
- 中国室内装饰协会家具设计研究学会副会长
- 中国室内装饰协会陈设艺术专业委员会副主任
- 广东省家具协会常务理事

东方文化下坐的设计

2022年7月30日，清华大学美术学院副教授刘铁军为国家艺术基金2020年度艺术人才培养资助项目“传统竹家具传承与创新设计人才培养”学员授课，主题为“东方文化下坐的设计”，主要围绕坐的历史，坐姿的类型，跪坐、盘坐、垂足与家具3个方面展开讲述。

“坐”作为人们空间感知的基本单位，也是人类普遍性的生活习惯，早在千年之前就在各个文明中发现人类关于“坐”的记载。不同的坐姿是不同生活形态下发展出的起居样式，而中国人“坐”的历史大致经历了席地而坐、席地而坐与垂足而坐并存、以垂足而坐为主的3个历史发展时期。坐姿的类型可大致分为跪坐、盘坐、跂坐、跏趺坐。

根据不同坐姿的演变，刘教授阐明了坐姿与中国古代文化、制度的深层关系。自我国发生从席地而坐到垂足而坐的转变后，形成了全世界独一无二的家具发展历史，由多种坐姿行为衍生出了十分丰富的家具种类，进而形成了独具中国特色的家具体系。此外，儒家、佛教等文化也对我国家具的种类、形态、工艺的发展起到了促进作用。例如：基于礼制下的跪坐形成了筵席制度，从而利用家具划分人的等级，如象征人物身份高等级的凭具、屏具，无论形态、工艺、材料都要更复杂；盘坐受西域生活方式及佛教文化等影响，使矮足家具和高足家具都产生了变化；分餐制使易于移动、小尺度的承具和庋具出现；合餐制使许多大尺度坐具、承具和桌类等出现。

最后，刘教授就讲座内容与家具的内在文化进行了深入的探讨，提出应了解残存的文化遗产和过去的生活方式，汲取古代物质文化，传承无形的文化遗产，以此掌握使文化再生的线索；通过反思我们国家有形和无形的文化遗产，研究与过去相联系的记忆技法，作为未来设计可持续性的指导。

刘铁军简介：

· 清华大学美术学院长聘副教授、博士生导师
· 北京设计学会明式家具设计专业委员会副会长

家具设计作品参加韩国光州设计双年展、首尔设计节、米兰设计周、北京设计周、北京设计三年展、全国美术作品展等国内外重大展览20多次。

主编“十三五”国家重点图书出版规划项目“中华传统手工艺保护丛书”(2016—2020年)，著《木匠》(人民邮电出版社2016年)，主编《绣娘》(2019年)、《陶工》(2019年)、《金匠》(2020年)。

家具设计构造理论与家具造型设计

2022年7月31日，北京林业大学材料科学与技术学院副教授朱婕为“传统竹家具传承与创新设计人才培养”培训班学员授课，主题为“家具设计构造理论与家具造型设计”。朱教授主要围绕家具造型、家具功能、家具结构、家具与环境设计的理论知识和相关设计方法4个方面展开讲述，向大家介绍了北欧具有代表性的经典家具作品及其应用。

讲座内容以丹麦皇家建筑艺术设计学院尼古拉·德·吉尔、斯泰恩·丽芙·比尔主编《椅子的构造》为导入，选取最典型的家具类型——椅子为例，以北欧的代表性经典家具作品为案例，从构造的基本释意开始阐述，对椅子的造型、材质、连接方式进行了类型学的归类、分析和概括。朱教授带领学员们从构造和美学的角度重新审视北欧经典坐具设计作品，更深入地理解形式、材料、技术三者紧密连接、深刻系统的家具设计观。

从类型学的角度，所有的家具设计作品都可以从历史和已有的设计作品中找到原型和来源，因为人类文明的历史就是层层叠加和螺旋上升的过程。如果理性地将已有的家具形式从类型学的角度进行认知，能够帮助我们更为集中地认识各类型的家具造型、材质和连接件，并在设计这一类型家具时系统地学习前人的经验和知识，贯通理解构造所包含的材料、形式和技术3个方面。

从造型类型的角度，多数家具造型分为几种典型的类型。利用这种分类方法，学员们可以从横向造型角度和纵向结构角度更为深刻地理解一种类型的家具造型。以椅子为例，通过这种类型学进行分类，就可以根据对椅子外观的第一印象来判断这款椅子所属的类型，同时通过对椅子构造类型的分类更好地理解结构和构造之间的差别。通过比较发现，外形差别很小的在外形上被归为一类的椅子，在构造类型分类中却相差甚远，因此椅子的形态和其构造方式之间并不是唯一的对应关系。

从材质类型的角度，每种材料都有其特有的加工、成型和装配的特性，设计师应该尽力在设计和生产过程中尊重并凸显材料的特性。对于设计师来说，拥有敏锐的感知度以及对周围事物细腻的感知印象是极为重要的专业素养。对于家具设计师来说，最重要的感知系统是视觉和触觉，能够敏感地感知一种材料的特性尤为重要。因此也可以延伸至连接方式的角度，正如汉斯·瓦格纳所说：“精妙的结构比其他任何东西都更能表达设计中最本质的思想。”通过结构来表达设计的内涵，必须清楚地知道设计所强调的是什么，清楚结构的重点是什么。

从家具构造类型学的角度，朱教授列举了一系列典型案例，图片一端是维尔德直线条简约的红蓝椅，而另一端是埃格加德·安德森的“我母亲切斯菲尔德沙发的写照”椅。两件家具在家具的定义和构造上来说是两个极端。红蓝椅的构造清晰反映了家具横向和竖向的梁柱系统，克制、约束地将部件以一种规范式的方式组合在一起；相反，在安德森设计的椅子中，这些元素和规范都变得模糊了。两者的反差显而易见。图片上一排不同的椅子代表了不同构造的类型，从左至右可以看成是由强调结构向着强调形态的演变过程。

朱教授认为，从构造的角度重新审视造型、材料、结构三者之间的关系，可以更加深入地帮助“传统竹家具传承与创新设计人才培养”项目的学员理解构造概念中所包含的设计的系统观，从而对家具设计经典的方法系统形成更为深入的理解，培养根植于对材料特性和技艺的理解基础之上的、更为纯粹的设计美学。

朱婕简介：

- 北京林业大学材料科学与技术学院副教授、硕士生导师
- 北京林业大学家具设计与工程系家具设计教研室主任
- 中国家具协会设计工作委员会委员

在家具设计用户研究领域，针对老年群体的室内环境及家具设计研究进行了多年的研究和实践，在家居类品牌的用户和品牌整体升级项目领域，开展了多项社会服务和企业横向课题研究。

主编和参编多部相关专业书籍，并发表多篇研究论文，多次指导学生参加国际及国内设计竞赛获奖并获优秀指导教师奖。主持并参与多项科研课题，主持北京市优秀人才计划项目1项，主持北京市社会科学研究课题1项，主持重大横向课题研究项目1项。

融合与突破——中国家具的传承与创新设计

2022年8月1日，刘铁军教授为“传统竹家具传承与创新设计人才培养”项目学员进行第二场讲座，主题为“融合与突破——中国家具的传承与创新设计”，课程内容以传统家具为原型，对家具产品进行再设计，赋予其新功能、形式、技术、材料等，引领消费者新的生活方式，并为学员们进行了优秀案例展示。

首先，刘教授以中国传统家具的圈椅与小桌为例，向学员们讲解了其设计特征，并展示了再设计的各种案例与想法；也为学员们介绍了将中国传统家具设计重构，推荐中国家具走向世界的优秀设计师们。

关于如何合理地进行传统家具的传承与设计，刘教授提出了融合与突破的观点。她认为应坚定文化自信，充分了解我国传统文化，进行传承与创新的融合、专业的融合、文化的融合。同时，刘教授向学员们展示了国内外各类家具设计作品的前沿案例，分析设计作品中创新、融合、突破的关键点，为学员们提供了丰富的思路。

最后，刘教授与学员们探讨了对传承与创新的理解。传承，是传递、传授、继承、承上启下，也是时间、历史、连续、脉络、根源、基因、血统；创新是对过去的更新、创造、改变、发展、进步，也是生命力、变化、革新、动力。传承是创新的基础，在传承的基础上创新，在创新的过程中传承。

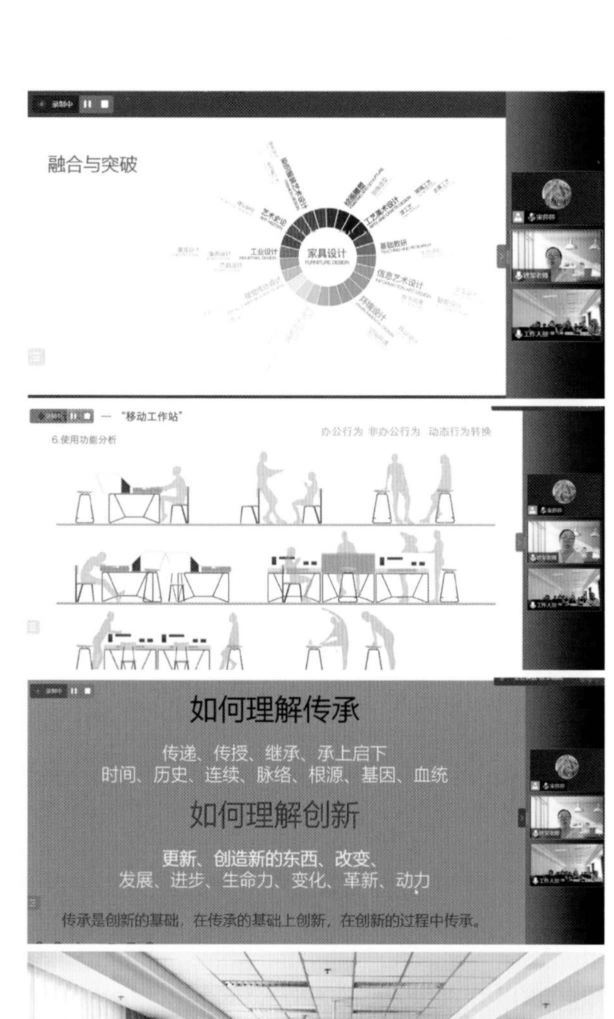

京作家具传统制作技艺

2022年8月2日，国家级非遗传承人种桂友为国家艺术基金2020年度艺术人才培养资助项目“传统竹家具传承与创新设计人才培养”学员授课，主题为“京作家具传统制作技艺”，讲座内容主要围绕中国古典硬木家具的三大流派、京作硬木家具的来源与兴起、中国硬木家具榫卯结构来源与演变、建筑与家具榫卯结构的异同、硬木家具制作的工艺流程、京作硬木家具在产品的不同部位制作榫卯结构时经常采用的几类结构方法、加工榫卯结构的工艺要求以及榫卯尺寸与部件断面的比例关系、榫卯结构组合形式等8个方面展开。

讲座初始，种老师介绍了中国古典硬木家具的三大流派：苏作、广作、京作。其中，京作是形成最晚的一个流派。永乐四年（1406年），明成祖下诏以南京皇宫为蓝本，兴建北京皇宫和城垣。在建造过程中，调用了大批的南方工匠，明代迁都北京，南方工匠进京，除去土木建筑工匠以外，还调集了相当规模的“苏作”与“广作”的家具制作工匠为宫廷制作家具。因此，我们可以说，“苏作”与“广作”工匠的制作技艺与宫廷（国家级别）需求的结合，最终造就了“京作”家具流派。

种老师认为：苏作家具精致内敛、用料讲究但其气场不足，看起来略显单薄；而广作家具则是整体张扬外放，但又不够含蓄。京作则融合了两个流派的优点。但目前，这几个流派的特点划分已经不那么明显了，市场上生产的大部分家具的基本造型以京作为主，再根据具体家具的不同使用场合、性能需求做具体的加工创新。

专业人士普遍认为，京作家具的榫卯结构代表了中国古典家具的“最高水准”，也代表着明式、清式家具的“主流”。有些传世家具，即使遍体鳞伤，但仍不松不散，这都要得益于地道的榫卯结构。在种老师看来，榫卯结构的作用基本可以用两个词概括——连接和制约。简单来说，榫卯是采用凹凸部位相结合的一种连接方式。这种连接方式的特点是在两个物件上不使用钉子，便能使物件连接得极其牢固。

榫卯连接方式是古代中国建筑、家具及其他器具的主要结构方式。中国家具的榫卯结构来源于中国建筑的“四梁八柱”结构，是在吸收了建筑基本结构方法的基础上再结合制作家具所用材料的具体情况加以改进，而后逐步形成家具连接结构的形态。到了明代，随着家具制作工艺在长期演进中逐步成熟，以及家具品类、造型、用材的丰富与完备，独具中国色彩的、充满东方智慧的、系列化的家具榫卯结构制作方法以及与之配套的制作工具与技术工艺逐渐形成。

同时，种老师分析了建筑与家具榫卯结构的异同，虽然都是用木材为原材料并且根据力学原理和使用需求加工出不同的“凹凸咬合”结构。但是，作为“不动产”的建筑物的木结构只用榫卯咬合，通过部件（包括墙体）之间的相互支撑和自身牢固的基础与向下重力的平衡达到自身稳定，不用胶来黏结；而作为“可移动”的家具，因其缺少建筑物的稳定条件，所以绝大部分品类是需要在榫卯结构的连接部位用胶来固定的。种老师提到，中国传统家具的榫卯结构并非是完全照搬建筑的榫卯结构，而是吸收、借鉴了其中适合家具使用的结构方法，在发展的过程中还结合自身的需求作出了大量的创新，从而丰富了榫卯结构的系列化程度。

当讲到京作硬木家具的制作技艺时，种老师向学员们分享了他自当学徒开始几十年的从业经历，从榫卯的连接与制作，讲到中国传统文化在家具中的体现。他从接触这项技艺起至今已经有53个年头，面对京作硬木家具制作技艺的传承，种老师认为：“我们学习和传承榫卯结构技艺不要用僵化的思维来对待老祖宗的智慧，因为榫卯结构的发展是变化无穷的。在确保品质的前提下，用灵活的思维对榫卯结构合理运用，将永远是一名家具行业从业者必须要面对的挑战。”

京作硬木家具制作技艺彰显东方智慧，种老师对京作硬木家具是择一业终一生！他以坚守和奉献诠释“初心”。

种桂友简介：

- 中国国家级非物质文化遗产传承人
- 百年老字号龙顺成京作硬木家具第四代传承人

先后师从多位德艺双馨的师傅学习硬木家具制作技艺，至今已有50载，深得“快、巧、精、准”京作硬木家具制作技艺之精髓。2009年6月被中华人民共和国文化部任命为国家级非物质文化遗产“京作硬木家具制作技艺”代表性传承人。

京作家具制作技艺提纲
一、中国古典硬木家具的三大流派：
苏作、广作、京作三大流派的主要特
点与区别；
二、京作硬木家具的来源与兴起
1、来源；
2、“京作硬木家具”流派名称 的兴起；
3、 硬木家具榫卯结构来源与演变；
4、 家具榫卯结构的异同；
种桂友
acer

京作家具制作技艺提纲

聘书

榫卯艺术

2022年8月3日，京作榫卯艺术馆馆长刘岩松为国家艺术基金2020年度艺术人才培养资助项目“传统竹家具传承与创新设计人才培养”学员授课，主题为“榫卯艺术”，讲座主要围绕京作榫卯家具型制的演变及传承历史、京作硬木家具的工艺流程、榫卯结构在今天及未来的发展概况3个方面展开。

首先，刘馆长介绍了京作榫卯家具形制的演变，榫卯并不是凭空出现的，而是一步步慢慢演变过来的。其最早应用于建筑方面，早在几千年的浙江余姚河姆渡文化时期，相关建筑就已经应用了榫卯的形式；而后4000年前的夏商时期就出现了家具榫卯的雏形。榫卯是古典建筑与家具的灵魂，无论是一榫一卯之间，还是一转一折之际，都凝结着中国几千年传统木工文化的精髓，沉淀着时光回转中的经典建筑与家具的复合传承。

大自然和生活中很多形式都与榫卯的连接结构有一定的关联，比如：植物与土壤的连接、人体骨骼的连接。中国有个词叫“格物致知”，榫卯的出现顺应了大自然的规律，所以才能发展出今天的科学合理性。同时，榫卯造福于人类，起源于自然，这又体现了它的自然性。

榫卯，凸为榫，凹为卯，榫为阳，卯为阴，同时又符合互相制约、互相管制、互相协调的中庸之道。在刘馆长看来，榫卯不仅仅是一种结构形式，其文化含义远远超乎了结构本身，蕴含的智慧并非杜撰。榫卯是中国传统木作行当之魂，凝聚着中国几千年传统文化的精粹，蕴藏着前人们匠心独运的智慧，集力学、数学、美学和哲学于一体；在古代经典家具上具体表现为外观流畅优美、整齐匀称，内力牢固含而不露，极尽巧夺天工、暗藏玄机之奇；每一款经典的样式都能演绎出一段美妙的历史，都能讲述出一个神奇的传说。

作为一门手工艺，榫卯制作与其他手艺不同的是，除了手上的功夫之外，它还是一门考验心灵和心智的手艺。要想达到心手相应、精益求精、尽善尽美的境界，也许要耗尽匠人一生的心性和心血；如果没有天生的巧手和妙悟的基因，即使熬干了心力也难如人愿。因为这门手艺包含太多的历史积淀和前人智慧和经验，发展到今天已经成为内涵丰富“玄而又玄”的“众妙之门”。在讲到榫卯的内涵文化时，刘馆长提到，其体现了我们中国为人处事的哲学，就是含蓄低调且不张扬的中庸文化。

榫卯是科学和艺术的结合，千年的匠心传承，使榫卯技艺制作的家具和工艺品，随着朝代的发展，具有不同的审美体现。唐、宋、明、清等时期人们的审美与现代人不同，所以透过家具，现代人能看到不同朝代对美的理解，并且窥见历史点滴。历史在前进，文化在发展，跨越千年的榫卯流传至今。刘馆长告诉学员们，作为文化的传播者，应该用正确的方式传递给后人正确的价值观，将榫卯内在的东西传播下去，用优秀的设计作品向世界宣传我们自己的中国文化。

理论授课之余，为了让学员们学习榫卯产品里的结构，刘馆长更是现场实践教学，演示榫卯产品的拆解与拼合，让学员们在实践操作的过程中亲自体会榫卯结构的精妙之处。

课程结束后，刘馆长与学员们进行了深入的交流与互动，为学员们的动手实践、对榫卯技艺及思想都有了极大的帮助和提高，有助于学员们在竹家具的创新设计中开拓新思路和新方向。

刘岩松简介：

- 北京工艺美术大师
- 京作榫卯艺术馆馆长
- 北京元盛隆榫卯文化有限公司执行董事

三十余年一直致力于传统榫卯结构的研究。师从于国家级硬木家具非物质文化遗产传承人种桂友先生，参与过多项故宫家具的修复和复制项目，主要研究榫卯结构的发展和中国传统榫卯哲学与文化，与师父种桂友合著《榫卯——京作硬木家具传统结构营造技艺及图解》一书。先后受聘为北京林业大学材料科学与技术学院研究生导师，中央美术学院家具系、清华大学美术学院漆艺研究室、北京城市学院等高校的讲座教授。

植物材料创新设计

2022年8月4日，北京林业大学艺术设计学院院长张继晓为“传统竹家具传承与创新设计人才培养”培训班学员授课，主题为“植物材料创新设计”。张院长主要围绕设计与时代发展之要求、设计与国家创新之需要、设计与文化传承之必须、设计与人民生活之需求4个方面展开讲述。

第一，设计与时代发展之要求。当今世界的一体化、互联网、大数据、智能化、可持续发展，最终走向人类命运共同体的方向。信息互联和可再生能源联结在一起，为我们的未来描绘了一个新的、充满活力的经济前景。

第二，设计与国家创新之需要。信息时代是主动设计的前提条件，要综合地体现科技实力和创新能力，以科技创新为动力，将设计与技术完美结合是我国处在信息时代洪流中仍能屹立不倒的先决条件。满足国家需求，寻求最符合时代要求的创新设计之路是我们所要具备的基本能力。好的设计绝不缺乏新颖的理念，否则就会失去设计本身的灵魂与色彩。

第三，设计与文化传承之必需。没有高度的文化自信，没有文化的繁荣昌盛，就没有中华民族伟大复兴。我们的民族精神，体现在中华民族在历史发展进程中的创造力和智慧，以及中华民族共同的理想追求和价值观念。中国传统文化艺术的核心价值就是精神价值，是天人合一的价值观。张院长强调中国文化与艺术理念，首先要考虑中国人思维观念下的艺术与设计，现代设计若想获得受众的认可，首先应该符合本民族文化传统和审美习惯，所以关系是相辅相成。我们国家的传统文化是经过了历史的洗礼而沉淀下来的，它是非常值得推敲和研究的，是国家和民族文化历史的见证者和传承者。所以，好的设计要有自己的根，要有自己的文化态度和传承。

第四，设计与人民生活之需求。张院长通过设计案例讲到设计应该是为人民服务的，美好生活的衣、食、住、行、文化、艺术、时尚、休闲和娱乐等都需要设计。人们的生活需要全方位的创新，让技术功能转换为设计的优势和亮点，尤其要重视我们思维的系统性，以符合创意的层级需求。比如，设计服务乡村振兴全方位创新的需要，广阔天地设计将大有可为。

除以上4个方面之外，张院长谈及“中国方式”的研究路径，要从伦理等级、社会活动方式、生产使用方式、材料构建和审美抒情等方面去综合考虑，要融合当代审美、文化差异、现代功能和技术导入的条件。植物材料的创意路径，应该思考现代设计与传统工艺美术，要考虑融合东方的哲学，尤其是东方文化虚实相间的艺术哲学。在创意过程中的思维、想法、构思、质感与色彩交融、材料之间的结合，以及后期的设计体验等，更要注重“金木水火土”的设计启发。金，赋予强硬的金属另一种身形——张扬自强不息精神；木，源于自然、形于自然、终于自然——倡导天人合一生态观；水，创造刚与柔的结合典范——展现上善若水之智慧；火，凝固高温后的蜕变与涅槃——抒发个性与风度；土，适应或征服，寻找出渐渐淡去的乡愁——体会厚德载物之诚信。

材料的废弃利用要考虑自然系统和物的生命历程。自然系统的材料、能源、空气、水、土，以及动物、植物和微生物有机循环，要与物的生命历程相融合；自然系统的原材料需要通过生产体系变成产品，通过流通体系变成商品，再通过使用体系变成用品，或通过回收利用重新变成产品，抑或通过销毁体系变成废品重新回归自然系统。

张院长总结道：设计要符合国家需求、紧跟时代步伐、传承文化重任、促进人民生活更美好。未来的趋势与方向应该是万物数字化、信息化，首先是文化基因及要素的支撑转换，其次是信息化、数字化、互联网+的发展趋势，再是交互体验（体验经济）时代的到来，最后是生态、可循环利用迫切的需求。

张继晓简介：

- 北京林业大学艺术设计学院教授
- 中国美术家协会会员
- 北京设计学会副会长
- 中国工业设计协会信息与交互设计专业委员会执行主任委员、设计教育分会副理事长
- 中国农林高校设计艺术联盟执行主席
- 教育部人文社科项目评审专家
- 中国创新设计“红星奖”评委
- 中国专利金奖——外观专利金奖评委
- 中国工业设计奖评委

竹质家具材研究

2022年8月5日，国际竹藤中心研究员刘焕荣为“传统竹家具传承与创新设计人才培养”培训班学员授课，讲座主题为“竹质家具材研究”。刘研究员主要围绕竹材资源分布、种类、特性和用途，以及我国主要竹材人造板种类、制备工艺革新和用途进行讲述，重点讲述了展平竹的发展历程，无刻痕竹展平技术，展平竹复合集成材、展平竹集成材家具制备，等等。

第一，刘研究员介绍了主要竹材人造板种类，并且详细讲解了竹胶合板的定义、分类、胶合方式、制备流程、用途扩展，通过对工艺进一步的讲解，让学员们更好地掌握了竹材人造板的特点，为竹材在家具设计与制造领域的应用开创了更多的可能。

第二，刘研究员讲解了竹集成材制备关键技术及竹展平板发展历程，从多个竹集成材设计案例来讲述其材性的优缺点，为竹集成材有关的创新设计提供了新的思路。

第三，在大家对竹展平技术发展历程有所了解后，刘研究员着重介绍了目前适用性最广、利用率最高、需求迎合性最强的无刻痕竹展平技术。无刻痕竹展平设备是一种针对弧形竹材的新型竹展平装置，该装置在不损伤竹材内表面的条件下，实现弧形竹材的展弧、刨削、展平、反向压平、定型等工序，工序少、生产效率高、板材表面质量好。

第四，刘研究员讲述了历史进程中不同阶段的各种竹展平技术、方法及其优缺点，同时提出了“轻量化”的竹集成材家具设计与制造理念。所谓“轻量化”，是指采用空芯复合板构件集成与轻质材料搭配使用，通过减轻产品物理自重、设计新型结构、优化构件接合和装饰线型等方法，实现轻量化视觉造型的设计，从理念上改变人们思想中对竹材家具繁重的刻板印象。

第五，刘研究员介绍了竹展平集成材家具制备关键技术。该技术基于已有惯性思维设计、“笨重”且难以体现竹集成材特征的产品现状，以突破轻量化的设计理念，完成减轻产品物理自重和视觉自重的设计方案，增强使用的有效性，提高产品性价比，为竹材在家具设计创新领域注入了新的活力。

此次授课从抛出问题开始，引导学员们对竹材和竹质家具材形成认知并进一步探索研究，让学员们在接受新知识的同时还能有新思考，产生新想法。同时，刘研究员从材料技术到设计理念的讲解，为学员们今后在竹家具的创新设计领域奠定了坚实的基础。

刘焕荣简介：

- 国际竹藤中心研究员
- 美国国家农业部林产品实验室访问学者

主要从事竹材断裂、竹质工程材料制备单元分级、制备工艺、工程材料评价和应用等研究。先后主持国家重点研发计划课题、国家自然基金项目等5项，在国家核心刊物上发表学术论文25篇，获得专利5项。

“胶合竹的设计和制造”获得2015年梁希林业科学技术奖二等奖；“建筑与桥梁用竹质结构材料制造关键技术与示范”获得国家林业局（现国家林业和草原局）鉴定成果；论文*Tensile Behaviour and Fracture Mechanism of Most Bamboo*获得2016年第五届梁希青年论文二等奖。

设计实物与产品创新

2022年8月6日，北京林业大学艺术设计学院教授程旭锋为“传统竹家具传承与创新设计人才培养”培训班学员授课，主题为“设计实物与产品创新”。程旭锋教授主要围绕设计表达、产品创新设计、服务设计3个方面展开讲述。

首先，程教授基于设计表达从创新设计人才培养开始介绍，结合教学展开对创新设计人才培养的讲解。创新设计人才的培养是产品创新设计的活力源泉，如何能够高质量地培养出行业创新设计人才是各大高校和教育团队关注的重点。就这一问题，程教授提出了一位合格的创新设计人才需要具备的各项能力，并且将设计表达的教学分为初、中、高3个等级，进一步详细阐述3个等级分别对应的教学内容与目标，使设计表达教学的内容更加具体化。

其次，程教授认为要重视结构与装配，在创新产品的设计过程中，型、色、意三者缺一不可，但应注意不可本末倒置，要在保留产品功能性的同时，也重视结构的合理性与装配的便捷性。不考虑结构与装配的创新设计注定是天马行空的，所以设计者应该在顺应时代潮流及市场发展规律的前提下，了解产品设计结构与装配的新要求，把握时代机遇，创造出更多优秀的创新设计作品。在设计实践中，程教授提出了创新发想、探索聚焦、可行性评估、概念设计及方法评估与优化5个过程，并且详细讲解了635法、5W1H法、SET法等方法，让这些方法能够被学员们理解并掌握，以更好地应用于服务设计。

再次，程教授讲解了服务设计的理念，结合森林康养服务体验设计、森林疗愈相关内容，提到结合声音辅助、借助芳香疗愈、呼吸调整等方式达到设计的疗愈效果，通过让学员们放松身心来深切体会服务设计对心态和情绪的疗愈作用。

最后，程教授结合产品创新设计讲解了国内外设计大赛如IF、A' Design、Red Dot相关的设计要求和获奖案例，强调发现美的眼睛很重要，设计本身就是发现、收集、整合、创造的过程；那么设计创新就需要时时观察，将日常发现的美及时记录下来，并且借由创造来将自身审美在产品设计中体现出来。

程旭锋简介：

- 北京林业大学艺术设计学院教授、硕士生导师
- 美国农业部林产品实验室访问学者

研究方向为绿色设计、设计评价、产品设计、设计方法学等。获得“北京市青年教学名师”“北京林业大学教学名师”“光华龙腾中国设计业十大杰出青年（提名奖）”等荣誉。设计作品获得红点奖、A' Design Award、全国美展入围奖、红星奖等重要设计奖项。

家具美学

2022年8月7日，北京林业大学材料科学与技术学院副教授耿晓杰为“传统竹家具传承与创新设计人才培养”培训班学员授课，主题为“家具美学”，主要围绕什么是美、设计美学、美的设计3个方面展开讲述。

首先，耿教授讲到了什么是美，美是能引起人们美感的客观事物的一种共同的本质属性。人类的美学修养由先天拥有、儿童时代的影响、自然环境的影响和生活环境的影响4个部分构成。相信每个人对美都有不同的见解，故而构成了美的多元化。人对美的认知是不断变化的过程，审美的能力需要不断积累和培养。设计的过程是基于设计者自身的审美从而赋予设计产品新的美感的过程，因此，设计者本身对美的敏感度就显得尤为重要。与此同时，设计者也需时刻关注大众审美的流行趋势，以便设计出更加迎合市场需求的产品。

其次，耿教授认为设计美学是现代设计学、美学与艺术学学科交叉发展而来的一门新兴学科。设计美学是指根据审美规律进行设计，从而创造出产品相应的审美价值。设计本身是以技术和艺术为基础，同时将二者相结合的学科。设计美学作为设计学科的一个理论分支，不但在学科定位、研究对象和研究范围上与传统的美学艺术研究不同，也具有鲜明的自身特点，故而在现实应用中也有自己独特的要求。目前，国内对于设计美学这一新兴学科的独特性认知还比较浅显，讲座内容帮助学员们更好地理解了设计美学的产生是美学和艺术理论走向大众和现实理论的必然结果。

最后，耿教授在对设计美学进行全面细致的讲解后，介绍了不同领域的设计作品。从这些作品中我们不难看出在优秀的设计作品中处处可见美的影子，形态美、结构美、色彩美、细节美共同构成了产品整体的美感。同时，耿教授讲授了设计之品位，并与学员探讨美是否有固定标准。耿教授认为美的标准与品位是超越国家和民族的，以举例方式指出北欧和中国设计的差异，以及对金属材料的认知差异，详细讲述了色彩等级、建筑等级、屋顶等级、家具形态等级、家具陈设等级等对设计的影响。做当代设计需要了解中国传统设计美学、禅宗思想等具有中国特色的文化，重视家具材料的自然美，以便更好地形成中国现代家具的风格特色。

设计美学
美学
艺术学
设计学
设计美学是现代设计学、美学与艺术学学科交叉发展而来的一门新兴学科。
耿晓杰
设计之品位
"我记得Steve Jobs当时住在加州Woodside的时候，和我是邻居，他的家里没有任何家具，当时让我非常惊讶，因为在乔布斯的世界里，他认为没有一件家具设计算好的，市面上所有的家具乔布斯都看不上。乔布斯为了追求完美，他宁可不要任何家具……"
耿晓杰
李　珊

家具产品研发

2022年8月8日，北京林业大学材料科学与技术学院副教授耿晓杰再次为“传统竹家具传承与创新设计人才培养”培训班学员授课，主题为“家具产品研发”，主要围绕市场、产品、人3个方面展开讲述。

首先，耿教授详细介绍了市场上各种家具设计研发公司的经营模式、产品类型、管理制度、评比方式、发布平台等内容，并且提出要重视考察设计发展趋势。技术发展、人口迁移、社会规范改变通常会产生创新机会，所以需要设计者们时刻注意社会、环境、技术、经济等方面的发展趋势，进而及时抓住每种趋势带来的创新机会。

其次，耿教授以抛出问题的方式引出产品、产品规划、产品机会的概念，详细介绍了产品规划的任务和作用。耿教授指出：产品机会是指一种产品雏形描述、一种新需求、一种新发明的技术与一种可行技术方案的初步匹配。同时，耿教授详细讲述了机会的类型、筛选机会的方案、机会识别的流程、机会识别的评比机制，以及通过增加数量、提高质量、拓宽质量差异性3个方面提升机会评比效果的方法。

最后，耿教授提出就设计研发而言，最该重视的是产品主要消费人群的想法和意见，建议编写问题列表、挖掘各种源泉，并且提出了识别顾客需求五步法：第一步，向顾客收集原始数据；第二步，从客户需求角度，解释原始数据；第三步，以层级化结构，组织归纳客户需求；第四步，确定各项需求的相对重要度；第五步，反思结果与过程。

学员们分组讨论过后，耿教授阐述了产品研发与用户研究之间的关系，强调家具产品研发体系的重要性，设计师只有把握好时代潮流，及时抓住机遇，才能在未来竞争激烈的市场中站稳脚跟。

耿晓杰简介：

- 北京林业大学材料科学与技术学院副教授、硕士生导师
- 芬兰赫尔辛基艺术设计大学访问学者

出版《芬兰设计面对面》《百年家具经典》《家具设计大师作品解析》《瑞士室内与家具设计百年》《移情设计》等6部专著，主编包括“十三五”国家重点出版物、2019年度国家出版基金资助项目《中国古典家具技艺全书——美在久成之京作家具》在内的科普书、教材7部；主持和参与17项国家级和省部级科研项目；在中文核心期刊和专业核心杂志上发表论文30余篇；主讲和参与讲授多门北京市和北京林业大学精品在线课程，包括“中国传统家具欣赏”“中国传统装饰”“家具与材料”；两次获得全国生态文明信息化教学成果奖。

风格•功能•创新设计

2022年8月9日，北京林业大学材料科学与技术学院教授张帆为“传统竹家具传承与创新设计人才培养”培训班学员授课，主题为“风格•功能•创新设计”。张帆教授主要围绕中国传统家具传承与创新、家具设计的美学原则两个方面展开讲述。

中国传统家具的传承与创新，与建筑、历史文化、材料、工匠都密不可分。正所谓“道以成器，器以载道”，家具作为器物的一种，与中国文化相互融合，尤其是器物上的装饰纹样更饱含着中国古代的精神内涵。可以说中国传统家具的文化内涵与艺术特色，体现了中华民族的文化自信与文化基因，更体现了中华民族的哲学智慧与美学修养。

设计是自然科学与人文艺术、工程技术与艺术素养、理论探究与实践应用的融合。对于人与环境，家具解决的是人与自然的交互；对于人与物，如一老一小的问题，老年人的家具以及辅具使用起来应满足功能性，但也需要满足精神需求，最终要达到“家具辅具化、辅具家具化”。与纯粹的艺术不同，设计是一种形式几乎总是遵循功能的媒介，家具设计更是如此。如何在兼顾功能完善的基础上，拥有无与伦比的美学内涵，是技术更是艺术。因此，张教授在讲座中提到了她的观点，即科学的设计观就是探索艺术与技术的融合。另外，她谈到关于材料与设计的关系，材料是设计的灵魂之一；设计包括对材料的设计，对材料的构思是设计构想的重要部分，是产生新材料的基本动力和思维方式。所以，设计是研究新材料的原创动力，材料也反过来影响设计。

设计的“功能观”

2022年8月10日，北京林业大学材料科学与技术学院教授张帆再次为“传统竹家具传承与创新设计人才培养”培训班学员授课，主题为“设计的‘功能观’”。张帆教授主要围绕功能的种类、七何分析法、产品设计创新论、创造性思维与设计方法4个方面展开讲述，并且结合具体案例进行实战设计分析。

首先，张教授讲解了功能的种类，按用户需求分为必要功能和不必要功能，按重要程度分为基本功能和辅助功能，按内在联系分为目的功能和手段功能。其中，目的功能就是用户直接追求的功能；手段功能是间接功能，是实现目的功能的一种手段。在设计产品功能时，要从以上方面着手进行全面分析。

其次，张教授讲解了设计分析方法，如七何分析法（5W2H提问法），以“What”“Why”“Where”“When”“Who”“How”“How much”，分别代表了以下7个问题：事物的功能是什么？为什么需要这个功能？在何处、什么环境下使用？什么时候使用？谁来使用？如何实现？功能有多少以及哪些技术指标？从而有效地形成产品功能的约束条件，方便设计师在设计过程中通过提问的方式进行反思修正，更好地让产品服务于用户。

而后，张教授以适老家具产品研发为例向学员们讲解完整的设计过程，从老龄产业、老年宜居环境的调研，到满足老年人用户群体的身心需求，再到利用数据采集进行需求分析设计方案。她总结了“实地观察测量＋问卷调研＋访谈→调研结果分析→需求分析设计点提出”的关键环节，同时在实验研究中重点提到要关注人因基础数据，包括生理指标、行为动作、操作域等；从而引出设计在“隐形与强烈”“负面与正面”交叉线上的4个关键点：痛点、痒点、嗨点、盲点。设计除了要解决用户的刚性需求，更要挖掘他们的潜在欲望。

讲座下午场，张教授提出了“产品设计创新论”的概念，从原始性、创新性、先进性、时代性、时尚性、可传播性、国际性分别进行介绍，让学员们从不同方向获得设计灵感。同时，她介绍了几种思维方法，可以帮助学员们更好地设计作品，包括：形象思维、灵感思维、收敛思维、分合思维等。尤其针对创造性思维的工作方法进行了深入分析，无论是“联想”的头脑风暴法、关联法、替代法，或是“选择”的希望点列举法、形态分析法，还是“重构”的技术组合法，都有助于设计师形成相对完整的方案。

张教授还提到“设计修辞”这一概念，即用不同寻常的方式表达特定的内容，产生丰富的内涵意义。“设计修辞”最初是由美国著名设计理论家理查德·布坎南从西方传统修辞学中提出的构想，日本著名设计师黑川雅之则从设计实践的反思中形成设计修辞法，两人的设计修辞思想都立足于语言和实物的关联性。张教授还提出设计修辞的4种用法：隐喻、换喻、提喻、讽喻。并且她结合经典的家具作品进行举例，让学员们感受到设计修辞的内涵。

张帆简介：

· 北京林业大学材料科学与技术学院教授、博士生导师
· 芬兰赫尔辛基艺术设计大学、拉赫蒂应用科学大学设计学院访问学者

现任北京林业大学材料科学与技术学院家具设计与工程专业负责人，全面负责专业建设、学科规划、教学及科研等工作。担任中国林学会家具与集成家居分会副秘书长、中国林学会木材工业分会常务理事、《家具与室内装饰》杂志编委会副主任。主要研究方向为家具设计理论与实践。

主持或参与国家林业和草原局重点研发项目、国家重点研发计划、北京市科学技术委员会科技计划、企业横向技术合作项目等科研课题几十项。主编和参编《室内与家具设计CAD教程（第2版）》《百年家具经典》《设计体验——人体工程理念与应用》《可持续的室内设计》《芬兰设计》等专业书籍，发表论文几十篇。创办北京林业大学D.C.R设计工作室，带领团队成员开展产品设计、技术研究与产品研发，团队多次受邀携研发成果参加意大利米兰国际家具展卫星设计展、上海国际家具展览会、广州国际家具博览会等国内外展会。

2019年荣获北京市高等学校“教学名师奖”、北京林业大学“教学名师奖”、北京林业大学教学成果一等奖等荣誉；2021年主讲的“家具设计基础”获评北京市优质本科课程。

创造性思维的一般含义
创造性思维——人类在认识和改造客观世界的活动中有创新意义的思维。
第一要素
选题、选材、选方案等
创 新
新观点、新理论、新方案
关 键
抓住新的本质
筑起新的思维支架
张 帆
启示与思考
顶层设计的重要性（调研、总体设计——科技的发力点）
多专业、多学科的协同
小件产品、精细化设计
宣传与示范
新产品研发的引领性
应用型改良设计的普遍性
NSBS Brick Air cushion,
Medical pressure dispersion mattress
엔에스비에스
7次观看 · 3周前
4:34
移动辅具用具
交通工具
家具设施
空间利用
适老材料
张 帆

传统竹器的现代演绎

2022年8月11日，中央美术学院城市设计学院副教授高扬为“传统竹家具传承与创新设计人才培养”培训班学员授课，主题为“传统竹器的现代演绎”。高扬教授在“成”当代艺术中心进行情景式互动教学，他以两个问题的提出和学员们进行互动。

“同质・异构——高扬装置艺术展”由“成”当代艺术中心主办、中央美术学院硕士生导师葛玉君博士策划，并在北京798国际艺术区开幕。本次展览是高扬教授从设计师到艺术家身份的一次延伸与转化，也是高扬教授以艺术家身份举办的首次个展，展览由“立方体”“透视圆柱”“空间装置”等几个系列竹装置作品共同组成。

本次授课，高教授主要利用物料的性与情，围绕“材质”及“空间”两个概念，以竹艺术装置的形式展开探讨，打造一次跨界、多维且具有未来感的视觉盛宴，带领学员们开启一场引人入胜的“寻竹之旅”。

首先，高教授提出了第一个问题——“培训这15天大家对设计的感受是什么？”他让学员们在纸上写出答案，然后进行互动交流。接着，高教授又提出了第二个问题——“你的设计梦想是什么？”他让学员们在纸上写出自己的设计梦想。高教授以展品为媒介向大家讲述它们的设计故事，在整个作品中通过对竹子属性的深入挖掘，以及竹材与其他材料的融合，形成一种新的撞击。作品承载着艺术家的愿景，并以千姿百态的形式尝试着与时代对话，与时尚结合，与生活贴近，以诗意和远方实现快节奏下的慢生活梦想。以作品“蒲公英”为例，高教授介绍了它的创作背景，即现在工业化生产充斥着生活的各个角落，人们逐渐意识到工业生产对环境的伤害，也厌倦了工业制品的冷漠——大量复制，缺乏个性。所以，高教授希望能通过这个作品让人们重新发现手工与自然材质的价值。“蒲公英”是用纯手工将竹签相互穿插咬合而成，无附加任何连接方式辅助成形。这是一个人与材料沟通的过程，是一个自然材料以自然的方式成为一件作品的过程。这个过程反映出手工艺的痕迹，这就是他通过这件作品想表达的内涵——在这个快节奏的时代，人们需要静下心慢慢体会身边的东西。

高教授与学员们分享了自己所有作品的创作过程，通过对竹材十多年的潜心研究，他跑遍了全国各地的竹乡，看到了不同地域不同种类竹子的差异，去旧货市场收集古玩和老物件，收集许多与竹子相关的小物件。高教授提到，设计作品需要找到一个合适的切入点，并用最敏感的触角捕捉材料的特性，同时以设计的手段来平衡产品的价格与品质，才能创作出真正解决问题的产品。

关于在经济全球化的背景下，中国传统文化与设计的走向与突破等问题。高教授认为中国的设计离不开中国人的生活，生活是设计的源泉，我们关于童年时生活环境的记忆被现代化的都市抹杀掉了，那我们的感情又怎样被所谓的故乡所吸引？又去哪里寻找我们文化的根脉？设计不是一种语言符号，不需要生硬地结合到一起；设计只要满足现代中国人的生活，人们离不开它就够了。

创意思维训练

2022年8月12日，中央美术学院城市设计学院副教授高扬再次为“传统竹家具传承与创新设计人才培养”培训班学员授课，主题为“创意思维训练”。高教授主要围绕“看竹子”“讲竹子”“做竹子”3个方面进行互动体验式教学。

首先，高教授带来了竹产品的实物产品，让学员们在“看竹子”的过程中，从产品的视觉、触觉等方面亲自体会设计，并感受和提取设计的特征。同时，高教授强调现代生活的快节奏对设计的需求是功能性的，从具象思维到现代思维存在着变形写意的过程，所以看问题一定要看到它的核心。

“把产品的实用价值做出来之后，把设计融进去之后，它的意义和价值会更大。”这种产品化思维贯穿着高教授的设计，包括控制成本、可拆解、利于包装运输等。在设计时，应思考的是整个产品从设计到加工再到销售的总体流程，踏踏实实地让自己的设计落地。“源于生活的设计，最终还要回归于生活。设计不是一种语言符号，不需要生硬地被结合到一起，只要设计满足现代人的生活，人们离不开就够了。”设计是方式，是手段，是工业文明的产物，是社会进步的标志，更要走进人间烟火，真正地回归于生活本身。生动的民间工艺与设计，质朴真实，最接地气的产品往往最能打动人心。

最后，学员们自行分组创作作品，利用已有的材料亲身体会“做竹子”的过程。通过动手实践，每组学员给出了他们各自在操作搭建后的感受，并且提炼了关键词：第一组是“基因转绎”，第二组是“反思”，第三组是“知行合一”，第四组是“刚柔并济”。

纵使求学海外，但高教授说自己仍是一位地道的中国设计师，用独特的设计语言重新诠释了中国传统元素，并和现代设计巧妙融合。“中国设计特色离不开我们的传统文化，但它一定需要和现代结合，需要和产业模式结合，需要和社会模式结合，它才是真正的设计。”以竹子为主材设计制作一系列原创产品，就是高教授中国设计的本土化尝试。竹生活是中国人特有的生活方式，从竹子被贴上“中国风”的传统标签起，就很少有人把它当成一种普通的材料去正视。关于竹子究竟是什么？高教授认为，它是一种轻便、优质且拥有现代语言的材料，并且鼓励学员们发挥中国传统文化和材料特有的优势，用竹材本身的形式去表达每一次设计，才是设计师与材料进行的最真诚的对话。一件看似随意的产品背后会有严谨的制作标准和方法，用传统的手法表现出现代感也是一种手段，正所谓“极简就是极奢”。

20世纪国外家具的风格鉴赏与设计实践

2022年8月13日，中央美术学院城市设计学院副教授高扬第三次为“传统竹家具传承与创新设计人才培养”培训班学员授课，主题为“20世纪国外家具的风格鉴赏与设计实践”。高教授主要围绕现代设计启蒙以及竹生活、竹创意、竹工艺、竹设计、竹展览、竹研发7个方面进行授课。

承接上次讲座内容，高教授首先从“竹生活”讲起：竹材虽然是众所周知的绿色环保材料，但其并不因此而成为一种可以任意消耗的资源。高教授认为，我们应该拾起传统文脉之根，生活之本，善待自然，善待生灵，善待自己，重新成为现代生活的文化传递者。这就是所谓的东方精神，或者说是中国人自己生活方式的原点。同时，他以“隐居龙泉”——国际竹建筑文创生活村落为案例，讲解竹生活在中国建筑方面的应用。

高教授与学员们分享了竹的创意设计作品案例：竹笔刷、圆竹支架、重组竹……都是竹材在材料和结构方面的新形式，并且依托“竹工艺”塑造出简洁现代的造型，从而将传统文化的精髓与现代化设计结合在一起，做出极具创意性的产品。

在讲解竹设计时，高教授列举了自己以及其他设计师与艺术家的作品案例，如仿竹书桌、竹架系列、竹屏风、竹胶合椅等。讲到One Chair的设计，高教授提到，其以圈椅为灵感来源，是自己与团队基于对竹结构相关产品和材料的研究，把传统技术与现代工业生产相结合的作品；在满足现代人生活方式的同时，它也是对稳定结构的一次新的尝试，巧妙融合传统元素与现代设计，方可展现出中国设计的现代魅力。

高教授以自己的“同质·异构——高扬装置艺术展”为依托，从竹展览的角度继续为学员们分析现代竹家具的优秀作品，并说明竹展览在推动竹产业发展以及竹设计作品方面的原动力。由于中国传统竹家具蕴含着深刻而又丰富的生态美学思想，通过竹展览对传统竹家具独特的文化本性的展示，不仅可以充实中国人对竹家具的了解程度，也可为竹家具文化、设计和中华优秀传统文化的创造性转化和创新性发展提供交流与互动的平台。传统竹家具发展应当有效进入市场，成为具有高附加值和文化共享价值的商品，并与市场发生良好的互动，相互推进，成为带动社会文化发展的力量。

最后，高教授以竹社为案例讲解了现代化竹研发的趋势和突破点，并提到中国设计应充分发挥材料特性的观点。就像西方打破了材料的原有属性一样，中国设计应将传统元素与现代设计基因融合，打造属于中国人的独特设计风格。除了新材料的研发，也需要注重竹材的新的表现形式，才能有效促进竹产业的整体发展。

高扬简介：

· 中央美术学院城市设计学院家居产品设计专业主任、副教授

· 中国家具协会设计工作委员会专家

· 中国建筑装饰协会软装陈设分会专家

2007年德国留学归国后，任教于中央美术学院，致力于中国现代设计的创作与研究，力图创造出既发扬传统文化又满足当代中国人需求的好产品。

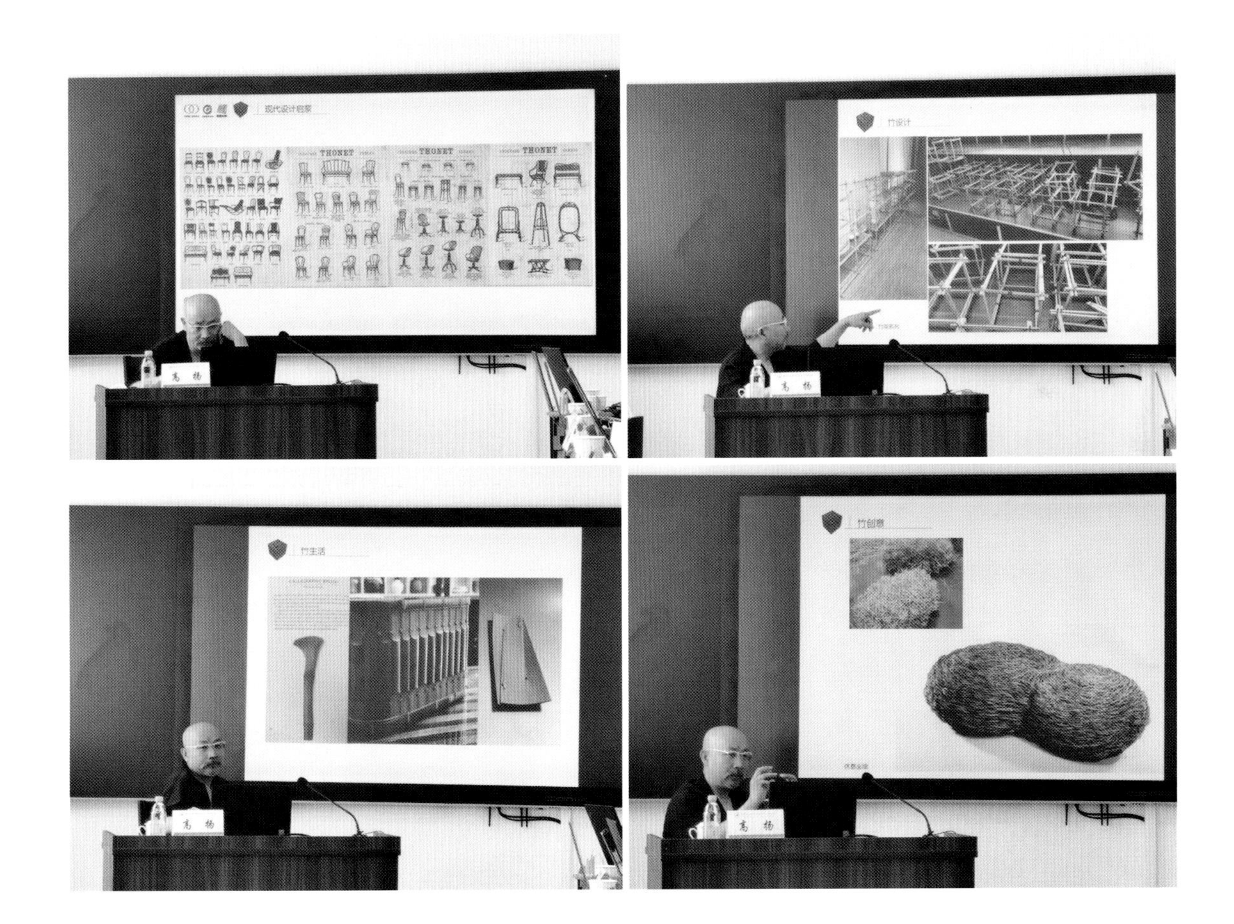

木竹家具行业发展现状与趋势

2022年8月14日上午，北京林业大学材料科学与技术学院教授郭洪武为“传统竹家具传承与创新设计人才培养”培训班学员授课，主题为“木竹家具行业发展现状与发展趋势”。郭洪武教授主要围绕木家具行业现状与发展趋势、竹家具行业现状与发展趋势、木质家居一体化与发展趋势3个方面展开讲述。

首先，郭洪武教授介绍了目前木家具行业现状与发展趋势：我国家具市场份额稳定增长，家具企业数量也逐年递增；从细分市场来看，家具类型主要以金属家具及木质家具为主；木质家具各地区产量分布不均；根据国家统计局数据显示，2021年各季度木质家具生产主要集中在华东、华南、西南地区；定制家具也有很大的发展空间，我国定制家居渗透率与发达国家相比差距较大，只有32%，原因是部分中小厂商在设计开发能力、产品质量控制和销售服务能力等方面参差不齐，导致产品质量不佳、产品同质化严重，影响行业形象和产品利润率，对消费者产生较大负面影响。以索菲亚与欧派两个品牌进行对比，郭教授为学员们分析了双方的营收结构、营收区域、经销商数量、市场占有率等数据，说明了欧派作为结构多样的家具品牌，在家具市场更具优势。

其次，郭教授依托本次基金项目讲解了竹家具的行业现状与发展趋势。他从竹产业的4段发展历程讲起，介绍了竹产业从简单手工加工到机械化加工，再到工业化和转型升级的变化。他讲到竹人造板种类丰富、产量丰富，经过30多年的创新发展，我国在竹材人造板生产与研发等方面处于世界领先水平。郭教授认为竹家具的定义是以圆竹、竹集成材、重组竹及其他竹人造板为基材开发制作的家具；并且介绍了竹家具的特性，如：绿色环保，取材天然；高温蒸煮，三防处理；清新美观、高贵典雅；等等。相比木材，竹子生长快、再生能力强、经济效益好，是一种可再生、低碳、环保材料，具有独特的产业优势。同时，他说明了竹家具行业目前存在的问题，包括国内消费者认知度低，企业规模小、实力弱，行业创新能力不强，产品附加值不高，等等。这需要整个行业共同努力解决。同时，他提出了传统圆竹家具应将向现代圆竹家具发展，圆竹家具应向竹集成材和竹重组材家具发展，竹家具应朝着规模化、品牌化、定制化方向发展。

最后，郭教授分析了智能家具市场现状与发展趋势，以及木质家居一体化现状与发展趋势。对于前者他强调，智能家具目前存在无线网络技术的发展、大数据平台的建立、潜在消费需求的推动、家电企业助力等发展机遇，当然也需要应对技术融合、建立统一标准、降低操作难度、提供安全保障、合理控制价格等挑战。同时，郭教授认为，智能家具市场未来的渗透率会不断提高，市场容量将持续增长，对品质的要求也会不断提高，品牌建设更受重视，市场集中度有望提高，全屋定制成为新趋势。对于后者，他讲解了木质全屋一体化的现状，并且提出了6点发展建议，包括：注重品质的领先，树立良好的品牌形象；创建绿色生态家居装修一体化体系，实现“设计－工艺－施工－饰材－管理”一体化建设；构建功能化、一体化产品技术体系；制订木质装修工程一体化标准；建立木质集成装修服务支持体系。另外，郭教授也提到他对此发展趋势的看法，认为木质家居一体化未来会加大定制家居高端、短板和智能等装备研发力度，改善和重构产业链，缩短生产和服务周期，以及完善全屋定制家居标准体系，促进产品和服务质量提升。

竹家具结构力学性能分析与优化

2022年8月14日下午，北京林业大学材料科学与技术学院教授郭洪武以“竹家具结构力学性能分析与优化”为题展开了“传统竹家具传承与创新设计人才培养”项目的第二场讲座，课程内容包括从圆竹及竹人造板材家具概述、圆竹及竹人造板物理力学性能、圆竹家具结构特征与构件形式、竹集成材家具结构力学性能分析、重组竹材家具结构力学性能分析、竹展平材家具结构力学性能分析、竹家具结构力学性能模拟分析。

首先，郭教授介绍了圆竹及竹人造板的基本概念以及物理力学性能，着重讲解了力学在家具设计中的作用——对家具材料、家具承重结构、家具美感、家具尺寸都有着较大影响；说明了竹材具有良好的比强度和比刚度，很好的弹性、顺纹弯曲性、抗压强度、抗拉强度；竹材硬度高，韧性强，易加工，可锯、刨、钻、铣，胶合性能良好。郭教授接着引出圆竹家具的结构特征与构件形式，圆竹家具的主要部件大体可分为框架与板状部件两类。他分别讲解了这两种部件的结构特征，并举例分析圆竹家具中竹构件的形式，以此向学员们讲解传统与新型圆竹家具接合结构的区别，前者的接合结构强度不够，外观不漂亮，影响整体效果，不可拆装，无法回收利用。

其次，郭教授分别对竹集成材家具结构、重组竹材家具结构、竹展平材家具结构进行力学性能分析。在竹集成材角部接合中，螺钉类与螺栓类的接合强度较高，而螺栓类角接合的破坏比螺钉类角接合的破坏要少且能多次拆装。他分析认为螺栓类角接合性能相对较好，但存在预埋螺母易于拔出的问题，应对螺栓螺母连接进行改良优化。在重组竹材家具结构中，不同连接件比较抗弯矩强度从高到低依次为椭圆>单圆>双圆>斜角>四合一连接件>偏心连接件接合。在竹展平材家具中，对于承重较大、稳定性高的部位，他认为应尽量采用椭圆榫或直角榫接合，少采用圆棒榫或偏心连接件。

最后，郭教授进行了竹家具结构力学性能模拟分析，解释了有限元分析（FEA）的基本概念、应用领域、在家具领域的应用背景、研究现状、发展趋势，从而捋顺有限元分析的内涵、流程和思路。他认为研究思路应是对于整体框架的研究，如柜类家具结构的问题主要是其在角部接合处的变形和接合性能问题；而同时也要对于局部结构进行关键节点的分析，如榫接合节点的研究中忽略了材料与节点的力学特性，并未形成系统性的有限元分析方法。有限元研究数据与实物验证数据差别不大（30%以内），他认为有限元法可以作为一种有效的虚拟仿真验证的方法，替代传统的实物家具的验证。

郭洪武简介：

- 北京林业大学材料科学与技术学院教授、博士生导师
- 黑龙江省木材综合利用重点实验室学术委员会主任
- 中国林学会家具与集成家居分会常务理事
- 中国林学会木材工业分会理事、制材学组常务理事

获北京市教学成果二等奖1项、国家林业和草原局全国生态文明信息化教学成果奖1项、北京林业大学校级教学成果一等奖2项。主持和参与“十三五”国家重点研发计划、国家自然基金、北京市自然科学基金、国家林业局948项目、国家林业公益性行业科研及校企合作横向课题25余项；主编出版专著5部；发表学术论文100余篇；参编标准4件；授权专利15件；获“环保型长效缓释防霉抗菌豆胶人造板制造技术”等科技成果3项、新产品2项。

中国传统文化与现代设计

2022年8月15日，南京林业大学家居与工业设计学院教授陈于书为“传统竹家具传承与创新设计人才培养”培训班学员授课，主题为“中国传统文化与现代设计”。陈于书教授主要围绕传承与创新、设计评审和评价两个方面展开讲述。

在课程的一开始，陈教授就提出了“以世界的眼光，探索中国新美学”的美好愿景，并围绕此愿景展开了关于传承与创新的讲解。陈教授主张产教融合，赋予家具灵魂契合我们的传统文化，并提出了开篇思考题：传承与创新什么？怎样传承与创新？接着，她结合线上线下混合式教学方式通过4个部分内容进行讲授。

一首诗词。“花未全开月未圆，半山微醉尽余欢。何须多虑盈亏事，终归小满胜完全。”这首诗词不单单是一首诗词，更是一种风雅、一种生活、一种情怀和一种心态，它很好地诠释了传统文化的传承与创新。设计中提及的中国精神意味着它所包含的价值观、自然观、世界观以及审美观都符合中国人关于中国精神的共同认知，而中国精神作为中国设计的核心，人们借由这些器物来承载自己的感情和生活理想。

二种设计。陈教授提出了家具造型设计的两种基本形式是概念设计和商业设计，并抛出疑问：这两种设计均能表现文化吗？通过对最具有代表性的法维拉椅和红椅的研究，陈教授向学员们讲解了巴西文化对于设计创新的影响，并详细介绍了以环保为主要风格的废弃材料的创意应用。同时，陈教授通过不同的设计产品案例与学员互动交流，共同探讨设计创意与商业安全的重要性。

三个层次。设计分为符号层、内涵层和情怀层3个层次，陈教授通过自建的需求模型餐桌设计的需求分析，提出家具设计在基本功能的基础上，其辅助功能主要包括顺手、顺眼、顺心的设计因素。“仓廪实而知礼节，衣食足而知荣辱。”适度、合理地追求物质财富，是一种积极向上、对美好生活追求的精神状态，她倡导在形式追随功能的基础上，除了满足用户的表层需求以外，更要深入洞察用户需求，注重价值观的积极引导与表达。此外，设计的最高层次即情怀层——要有社会责任感，为实现中国家具设计的伟大复兴而努力。

四类文化。文化是指人类在社会实践过程中所获得的物质、精神的生产能力和创造的物质、精神财富的总和。广义的文化包括4个层次：物质文化、制度文化、行为文化和心态文化。物质文化是指人的物质生产活动及其产品的总和，是可感知的、具有物质实体的文化事物，包括衣、食、住、行等。制度文化是指人类在社会实践中建立的规范自身行为和调节相互关系的准则，包括社会、国家、经济、婚姻、家族、政治、法律、社团制度等。行为文化是指人际交往中约定俗成的礼俗、民俗、习惯和风俗，具有鲜明的民族、地域特色。心态文化是指人类社会实践和意识活动中经过长期孕育而形成的价值观念、审美情趣、思维方式等，是文化的核心部分，包括社会心理和社会意识形态两部分。陈教授表示，文化可以帮助我们实现诗与远方，赋予设计灵魂，在家具设计过程中应该把材料用到极致，不能为了创造商业价值而抛弃中国家具本身的文化底蕴和社会内涵。

最后，陈教授讲解了设计评审。设计评审首先要确定设计目标，在设计的过程中发现问题，进而提出改进意见，从不同视角来看待设计作品以便从不同方面对设计的产品进行优化、确认设计进展，整个评审的流程本身就是设计评审的意义所在。陈教授提出产品设计的理想模式是在设计上标新立异、避免同质化，产品工艺简单、成本较低，在销售方面则受众面广、附加价值高。

陈于书简介：

- 南京林业大学家居与工业设计学院教授、硕士生导师
- 中国林学会家具与集成家居分会理事
- 初度设计创始人
- 联邦家私签约设计师

本着专一、专业、专注的态度，一直坚持以“讲好家具故事，传递美好生活”为原则，以“世界视野+中国情怀”为目标，专注于家具设计领域相关产学研工作，探索中国家居新美学。

教过：“家具史”“人体工程学”“家具设计”“设计管理”等课程。

做过：多系列落地家具产品设计实践，如联邦舒雨系列、明堂合院系列、京熹系列。

写过：《家具史》《家具造型设计》《木工（技师）》《厨房家具》等教材与专著。

竹家具防护与功能化处理

2022年8月16日，北京林业大学材料科学与技术学院副教授刘毅为“传统竹家具传承与创新设计人才培养”培训班学员授课，主题为“竹家具防护与功能化处理”。刘教授主要围绕绪论、竹家具防护、竹材功能化处理、木竹生态新材料、总结与展望等5个方面展开讲述。

首先，刘教授介绍了竹材资源现状、竹材的利用以及竹材的基本特点，详细讲解了竹材宏观和微观解剖构造性质，化学性质，包括含水率、密度和干缩湿胀在内的物理力学性质，了解和掌握这些基本性质有利于在竹家具创新设计过程中更好地对竹材加以利用。

刘教授以竹制材料种类作为划分标准，将竹家具分为圆竹家具、竹集成材家具、竹重组材家具和竹层积材家具，并详细讲述了不同种类竹家具的生产工艺流程和重要节点。除此之外，刘教授从霉、腐、蛀等方面深入分析了竹家具易产生的主要质量问题及原因，并针对不同质量问题提出了对应的防护方法和综合解决措施。同时，刘教授与学员们从竹材霉腐蛀的基础研究、绿色环保防护剂开发和新型防护技术研发等方面探讨了竹家具“三防”的发展趋势。

在竹材功能化处理方面，刘教授重点介绍了竹材软化与高温热处理、竹材防霉抗菌处理、竹材染色与阻燃处理、竹材涂饰与耐老化处理和新型功能化处理，详细介绍了相关功能化处理的原理、技术方案及发展趋势。现代竹家具开发可发挥竹资源作为工业原料在可持续性经济发展中的作用，符合绿色产品要求的新型家具将成为未来家具主力，对竹材进行功能化处理能够有效提高竹材附加值，从而获得经济和环保效益。

刘教授提出立足“木材安全、生态建设、高质量发展、绿色宜居”等重大需求，大力发展竹产业，特别是研发新型竹材料，对于推动传统产业转型升级和高质量发展，助力行业提质增效和“双碳”目标实现具有重大意义。刘教授讲解了竹基（竹纤维）复合材料和定向重组竹集成材。竹基复合材料俗称“竹钢”，具有高强度、高模量、重量轻、可再生、低污染、低能耗等优点，是一种性能优异的新材料，是“以竹代木，以竹代钢”的优良产品。定向重组竹集成材能在提高原料利用率的同时保证结构均匀、性能优异，在大跨度建筑装饰和结构材料领域极具推广和应用前景。

下午，刘教授抛出“木竹材还能做什么用？”的问题，通过小组讨论的方式引发学员们的思考，接着以“充满想象力的木竹生态新材料”为题，与学员们交流研讨了木竹材的价值挖掘及结构－性质－功能改性策略，并向学员们解析了透明木材、超级木材、辐射制冷木材、纳米印花木材、光子木材、全木超级电容器、木材人工骨骼、超级阳离子木膜、柔性透明竹材、强韧可拉伸竹钢、光热转换竹材，以及其团队研发的木基相变储热材料等前沿材料。同时，刘教授讲解了木竹材在轻质结构材料、储能、热管理、环境修复、光学应用、柔性可穿戴器件、先进表征等方面的可持续应用。最后，刘教授总结了我国竹家具产业发展历程和技术进步中存在的问题，探讨了竹生态家居材料的发展趋势。

刘毅简介：

· 北京林业大学材料科学与技术学院副教授、硕士生导师，家具设计与工程系主任

主持和参与“十三五”国家重点研发子课题、国家自然基金、国家林业局948项目、北京市自然基金、美国农业部创新基金及校企合作课题10余项；在*Chemical Engineering Journal*、*Carbohydrate Polymers*、*Carbon*、*Energy*、《林业科学》等期刊发表论文60余篇；出版专著2部；参编标准3件；授权发明专利13件，获科技成果3项、新产品2项，“环保型长效抗菌自清洁柜橱材料制备关键技术”入选国家林业和草原局2021年重点推广成果100项。担任中国家具协会理事、中国林学会家具与集成家居分会理事、河北省活性炭产业技术研究院专家、《家具与室内装饰》青年编委。主编教材4部；建设在线开放课程2门；获北京市教学成果二等奖1项、国家林业和草原局全国生态文明信息化教学成果奖1项、北京林业大学教学成果一等奖3项。

圆竹家具构件及装配

2022年8月17日上午，国际竹藤中心研究员刘焕荣再次为“传统竹家具传承与创新设计人才培养”培训班学员授课，主题为“圆竹家具构件及装配”，主要围绕圆竹家具、竹材人造板家具、竹编家具3个方面展开讲述。

首先，刘教授讲解了有关圆竹家具构件的内容。圆竹家具最早出现在我国唐宋时期，以书桌、椅凳类家具为主，广泛流行于民间，受我国竹文化的影响，圆竹家具被赋予了丰富的人文精神内涵。依据家具的结构形式，传统圆竹家具结构可分为框架结构、板件结构和装配结构；其部件类型有杆状零部件和板形零部件，其中杆状零部件又包括直线形杆和弯曲形杆，板形零部件主要有竹条板、活动圆竹秆连接板、固定圆竹秆连接板、固定块竹篾面板、竹排板、麻将席板、编织板、竹集成材板和竹黄板等。

其次，刘教授对圆竹家具的基本连接结构、连接件结构设计及规模化制造进行介绍。现代圆竹家具设计中，连接技术对圆竹构件的结构组成至关重要。刘教授认为连接件的连接功能如同人类身体骨骼间的“关节”，将圆竹各构件和材料有机组合起来，圆竹家具的各种连接赋予了其使用功能和功能拓展，从而实现圆竹家具的现代设计和结构创新。

每一件圆竹家具都是由若干个零部件组成的。零件是家具制造的最小单元，如一个螺钉或榫卯等；部件是两个或两个以上零件结合成的家具一部分，如面板、框架、靠背等。按照设计图纸和技术文件的规定，使用手工工具或机械设备，将零件接合成部件或将零部件组合成完整产品的过程，称为“装配”。装配的目的是根据产品设计要求和标准，使产品达到其使用说明书的规格和性能。根据圆竹家具结构的不同，其涂饰与装配的先后顺序有以下两种：固定式（非拆装式）圆竹家具一般先装配后涂饰，如圈椅、茶台等；拆装式圆竹家具或大型家具一般先涂饰后装配，如较大件的圆竹家具（如床）和装饰类的圆竹家具或结构（如拱门）等。

最后，刘教授在圆竹家具构件及装配讲解的基础上，扩展了竹材人造板和竹编家具的内容，并用具有代表性的产品案例向学员们讲解了竹材在不同的应用场景下应该如何加工装配。装配是把各个零部件组合成一个整体的过程，而各个零部件按照一定的程序、要求固定在一定位置上的操作称为“安装”。各零部件在安装过程中需要达到：顺序正确；按照图纸规定在正确的位置和规定的方向进行安装；安装完毕后，产品必须达到预定的要求或标准。

· 拼接
常见圆竹拼接结构
a 直面连接
b 斜面连接
c 嵌接面连接
d 阶梯面连接
e 对接面磨平连接

新时代·新设计·新体验

2022年8月17日下午，浙江大学教授罗仕鉴为“传统竹家具传承与创新设计人才培养”培训班学员授课，主题为“新时代·新设计·新体验”。罗仕鉴教授在讲座起初介绍了自己及团队的工作内容，包括工业设计研究、工业设计工程中心、用户体验创新中心、从课题研究到项目落地。讲座主要介绍后两个方面，即面向企业做产品创新和面向企业做大数据的用户体验管理这两件事情；同时，他从设计的力量、服务国家战略、提升产业升级、AI赋能设计以及本人的一点思考共5个方面进行讲解。

第一，罗教授从时代背景对设计的影响开始讲起，说明了“人”与“物理”“信息”“机器”之间的复杂关系，随着技术进步和社会形态的变化，世界从“人－物理”的二元空间发展到“人－物理－信息”三元空间，并进入“人－物理－机器－信息”四元空间。他向学员们讲述了团队根据设计、需求、市场、研发，按照技术的先进性和环境的先进性绘制的轴，将工业设计分为工业制造、知识网络、数据智能、群智创新4个时代。在这种背景下面临的机遇和挑战是并存的，需要通过跨学科、跨团队的方式去寻求突破，时刻拥有创新的激情和创业的情怀，让设计能够服务国家战略、提升产业升级、提高美好生活、助力乡村振兴。

第二，罗教授介绍了设计服务国家战略的几个方面，以自己的团队成果为案例，例如，航天员运动与束缚系统、直升机座椅设计、G20领导人座椅设计、雷达设计等。强调设计师最需要做的就是把文科的情怀、艺术的审美以及工科的技术相融合，展开深入研究，并落地成优质产品，从而服务于国家、行业和社会，提升使用者使用感受。

第三，罗教授讲解了设计如何提升产业升级，提到了珠三角和长三角产业链的重要性，并结合团队的成果进行介绍。首要是做好设计本身（产品创新、功能创新），为企业带来真正有价值的设计，这样企业才能接纳和包容设计师及其团队。获得企业的支持以后，设计方应再与企业沟通先进的理念和方法，并搭建与企业共同的研发设计平台，从而为设计团队与某个行业建立桥梁。中国近些年的企业家对国际文化、市场、技术、资源十分了解，设计团队为企业服务的前提是拥有共同交流的平台，并用设计语言提升行业特色，才能为企业更好地提供行业价值，实现双向的良性互动。除了产品设计，产品管理也是一个需要关注的全新领域，设计师也可以根据产品的数据分析，探索用户体验和服务的领域。罗教授重点介绍了他的团队为提升安吉产业升级和区域品牌所开展的设计研究与项目合作，以此向学员们讲解设计项目从开始到落地的全过程。企业看重的是设计团队能为他们拿出先进的技术和能卖的产品（如发明专利），他们需要的是可以变现的东西，而不是单纯的设计方案。所以，设计师一方面要用先进的理念、资源和方法获得与企业合作的机会，如“健康座椅，安吉制造”就是把健康的理念融入产品，用理念吸引企业和用户；另一方面，更需要通过新产品、新技术来把控自身的核心竞争力。罗教授团队的每一件产品的原创研发周期少则1年，多则4年。这是非常漫长的过程，也是企业对现在设计团队的要求所在。产品造型可能只需一个星期就可以做出来，但企业需要的是成熟的产品，这就需要设计团队耗费数年时间研发新功能、新技术、新材料、新设计和新应用，同时使之系统化、工业化，才能真正在务实的基础上做出独一无二的设计产品。设计对产业有着举足轻重的作用，一是转变发展理念，二是构建人才队伍，三是提升设计成果，四是引领行业发展。

第四，罗教授讲解了AI赋能设计。过去10年，中国消费互联网的发展已经进入4.0的状态，我们逐渐习惯“从人找货，到货找人”这样的消费场景转变。“但过程中仍有大量需求未被满足，因为旺盛的消费端对应的是一个落后的供给端。”产品研发周期长、信息化工厂比例低、柔性生产能力不足……在这样的背景下，越来越多的企业希望产品拥有数字功能以满足消费者各式各样的需求。罗教授介绍了自己从1995年开始接触人机界面设计，到现今在浙江大学依托多学科交叉优势，在交互设计、信息产品设计、用户体验、服务设计等多方面从业的经历，并说明AI赋能设计从前是一项综合智能分析、智能渲染、智能包装等多功能设计的服务。而今，在加入AIoT（人工智能+物联网）、算法等技术之后，AI赋能设计可以结合到产业当中，构建可并行、柔性、可协作的多边网络平台，开启产品创新创造的新模式(PIM超级大脑)。在数字化背景下，产品创新创造难度倍增，企业更希望“创造者”把时间用于创新本身，而非大量重复性执行操作上。数据、技术的加持，能够帮助设计师站在更高的台阶上去做产品设计，减少设计时长。所以，对于现代设计来说，当设计环境、对象、手段等都发生了较大变化的时候，面对日新月异的科学技术，设计师更应该站在新的角度上审视自己。

第五，罗教授探讨了自己关于产品创新设计和用户体验管理的一些思考。没有不好的产业，只有不好的产品；无论产品大或小，只要产品做好了，这个产业就一定会进步发展。一方面，过去的IT化建设已经遭遇瓶颈，现代设计需要根据时代背景进行数字化转型，未来设计更需要利用人工智能进行智能化决策。另一方面，设计需要与科学、人文、艺术跨界合作，做出新功能、新材料、新技术、新应用，去突破原有人因的一些基础研究，要综合医学、心理、生理等多方面进行创作。另外，没有科技作为支柱，产品很快就会被模仿、被迭代、被超越，所以新时代条件下设计还需要有多方效益，例如，利用大数据进行产品诊断，能够利用人工智能解决用户实际问题，而不仅仅是改变一个界面和交互那么简单。

罗仕鉴简介：

- 浙江大学计算机学院工业设计系教授、博士生导师
- 浙江大学宁波科创中心（宁波校区）国际合作设计分院院长
- 浙江大学宁波理工学院设计学院院长

中国工业设计协会用户体验产业分会理事长，中国人工智能学会理事、智能创意与数字艺术专业委员会秘书长，浙江省计算机学会副理事长。获得2021年光华龙腾奖中国设计贡献奖银质奖章、2021年中国十佳设计推动者和2019年中国十佳设计教育工作者等荣誉称号，2018年当选教育部国家人才计划青年学者；同时兼任国际杂志*International Journal of Industrial Ergonomics*编委；负责国家社科基金重点项目1项、国家自然基金项目4项、国家863计划项目1项，组织和主持国家科技支撑计划10余项、国家重点研发项目课题1项、国家社科基金艺术学项目重大和重点课题各1项、浙江省社科重大项目1项、浙江省自然科学基金项目2项；为100多家企业进行过产品创新设计；在国内外期刊和学术会议上发表“三高”论文120余篇，出版著作8本；获得浙江省科技进步奖二等奖1项，浙江省教育成果二等奖1项，国际著名设计竞赛大奖如红点奖、IF奖、IDEA奖等20余项；负责的“用户体验与产品创新设计”课程2010年被评为国家精品课程，于2013年被评为国家精品资源共享课，于2020年被评为国家线下一流课程；2021年上线全英文课程“User Experience Design”。扎根安吉产业17年，为安吉产业升级、品牌提升和社会创新作出了重要贡献。

竹家具研发与服务

2022年8月18日，福建省永安市竹产业研究院院长江敬艳为“传统竹家具传承与创新设计人才培养”培训班学员授课，主题为“竹家具研发与服务”。江院长主要从竹家具研发设计概论，竹家具市场营销与服务，竹家具研发方法与过程，竹家具材料、结构、工艺技术，竹家具生产与质量管理，以及竹家具项目管理与服务专题6个部分展开讲述。

首先，江院长介绍了竹产业的背景和发展现状，竹子一直以来都承载着中华民族丰富的传统文化，中国古代农耕社会就有大量的竹制器皿、家具、生产工具等被广泛使用，可以说竹子的背景与文化之悠久是中国特有的。竹子是一种低碳环保的可再生、可降解的生物质材料。竹子有上万种用途，用于人类生活的方方面面。随着现代化科技的不断发展，工艺、材料也在不断更新，从圆竹材、竹筋，再到现在的竹集成材、竹展开板、OSB定向竹刨花板、竹帘板、重组竹材等，影响了竹建筑空间的高速发展。全球多达51个国家使用竹建材和竹结构建筑，尤其是随着中国碳达峰碳中和战略的推进，政府出台专项扶持政策，竹产业这个兼具生态价值和经济价值的绿色产业迎来了新机遇。

竹子在全国设计师心目中是边缘化材料，利用竹材做产品设计和工程设计的目前较少，竹应用领域受限。而永安的竹产业大多是从模板、香芯等初级产品转变而来的，虽然有一定产值，但在全国竹产业的地位和名气不尽如人意。要想尽快提升产业附加值、增加城市新名片、增强企业转型信心，利用投入少、见效快的设计大赛为依托，是聚拢人气和汇聚资源的最实惠举措。江院长提到，竹产品设计大赛是投入最少、见效最快的撬动竹业发展的“杠杆”式力量，通过策划组织当时全国唯一的国际竹具设计大赛，成果丰硕。大赛集中展示了国际竹具设计行业的发展前沿和最新成果，是竹文化、竹科技、竹工艺、竹创新的有机结合。多年来，竹具设计大赛走访合作了全世界20多个国家和地区，吸引了200余所国内外高校和设计机构的参与，汇聚了15个国家和国内25个省（自治区、直辖市）具有精彩设计、个性创意的参赛作品6900余件，设计师资源汇聚超过万人，大幅度提高了工业设计在竹材应用中的附加值。与竹有关的设计在百度的搜索量，永安设计大赛一直位居全网第一。

对于竹产品的顶层规划和设计，江院长以不同品牌产品系列为案例向学员们进行讲解，阐明了客户定位和风格定位在产品研发中的重要性。例如，在商业设计方面，要综合考虑市场、客群、价值、定位、大货（量产）、成本、质量等；在文创设计方面，要细分市场、小众领域、产品附加值；在先锋设计方面，需要深度思考品牌价值，才能有效地提高品牌竞争力。设计的层次上也需要多角度穿插，在一个产品或产品系列中，不仅要在外观造型上表现其风格、色彩、比例、质感、尺度、人体工学，也需要在其内涵中融入相关的文化、人文、观念、取向、责任和价值，产品更需要有一定的引导性和传染力，以此发挥品牌力量。

江院长讲解了永安市竹产业研究院从2013年正式挂牌成立到如今近10年的时间是如何为竹产业发展提供规划的。永安市竹产业研究院主要负责竹产业研究、竹产业技术开发、竹产业人才培训等业务。江院长和他的研究团队从广东来到永安，在政府与研究团队的合作过程中，演绎了一个个服务竹产业发展的奇迹，并且成为永安竹产业发展的智库，永安市竹企业也在其支持下大胆转型。永安的竹产业公司曾经由于产品附加值低陷入发展困境。永安市竹产业研究院的研究团队介入后，从制定企业发展规划、产品研发与设计、新生产设备的引进与生产流水线的改造、产品的销售策略与市场开拓等方面，为公司提供了全方位的技术服务。在永安市竹产业研究院这个平台上，又着力建设了一批研发设计科技服务平台，包括已投入使用的福建省竹制品检测平台、福建省众创服务平台和即将投入使用的国家林业和草原局竹家居工程技术研究中心福建分中心，为竹产业转型升级提供更多、更全面的研发科技服务。竹产品走俏市场的背后，是竹农山上的竹子销售不愁，老百姓收入提高。江院长带领的永安市竹产业研究院的研究团队思路清晰，他们在一产上，带领竹农管理竹山，从粗放经营向精细化、生态化提升；在二产上，引领竹企实施竹产业精深加工项目；在三产上，推动竹产业技术服务、公共服务配套发展，推进竹文化旅游产业。

课后，学员们结合讲座内容提出相应的问题，江院长为大家一一解答，并讨论了竹材在各个领域的应用及创新发展。学员们表示加深了对“竹”的理解和对竹材应用的信心。

江敬艳简介：

- 永安市竹产业研究院院长
- 国家高级家具设计师
- 深圳职业技术学院副教授
- 广东省先进家居产业研究院院长

主要社会兼职有：中南林业科技大学客座教授、龙岩学院客座教授；国际竹家具设计奖赛资深评委；全国设计艺术学学科教材编写委员会委员，《家具与室内装饰》《世界竹藤通讯》等行业核心杂志编委会委员；曾任教育部全国轻工职业教育教学指导委员会家具设计与制造专业指导委员会副主任。

主要服务项目有：深圳创意产业总部经济集聚区政策和发展策略研究；老挝国宾馆、国家会议中心家具监造技术服务；中共深圳市委大院办公楼、深圳市大铲湾港务局办公区等办公家具选型与设计督导；喜来登酒店、世纪酒店、深圳麒麟山庄等接待国家领导人酒店的室内设计、家具设计等；山东宁津家具产业集群发展规划、韶关市家居产业招商规划、永安市竹家具产业发展规划等；为10多家大型家具企业提供工业园区全程规划和发展顾问服务；担任山东、福建、广东、河北、安徽等多地政府经济发展顾问。

竹木家具创新设计与实践

2022年8月19日，福建农林大学教授陈祖建为“传统竹家具传承与创新设计人才培养”培训班学员授课，主题为“竹木家具创新设计与实践”。陈祖建教授主要围绕绿色设计与“双碳”目标、传统文化与产品设计、竹木家具设计方法与案例3个方面展开讲述。

陈教授以“双碳”目标为背景，讲解了绿色设计与其之间的关系。当今时代，绿色资源、环境、人口是人类社会面临的三大主要问题，特别是环境问题，正对人类社会生存与发展造成严重的威胁。随着全球环境问题的日益恶化，人们越来越重视研究环境问题。研究和实践使人们认识到：环境问题绝非是孤立存在的，它和资源、人口两大问题有着根本性的内在联系；特别是资源问题，不仅涉及人类世界有限资源的合理利用，而且是环境问题的主要根源。接着，他从绿色设计理念的发展历程、绿色设计的应用案例、“双碳”目标与绿色设计，以及绿色设计原则与发展趋势4个部分对绿色设计进行细致的讲解。“双碳”目标的提出不是孤立的，对我国生态文明建设和绿色发展都有很大的促进作用。面对新形势，绿色设计要把低碳发展作为重要内容，必须立足于设计生命全周期，不仅要保证设计过程体现绿色低碳理念，更要实现实施过程绿色低碳，制造出零碳产品，进而为国家实现碳达峰、碳中和目标作出贡献。所以，基于以上环境与条件，强化技术研究尤为重要。

关于传统文化与产品设计，陈教授介绍了中国传统文化以及中国家具文化的概述部分，再讲解现代中式家具的设计策略，并且在此基础上对现代中式家具的设计案例进行分析研究。陈教授向学员们阐明了家具的文化概念，家具作为人们日常生活中必不可少的器物，在满足人们相应的功能要求的同时，也反映历史文脉、风格韵味、环境气氛等精神因素。家具文化是物质文化、精神文化和艺术文化的综合。同时，陈教授讲解了设计策略，将文化产品整合设计策略分别按“需求”“形态”“文化”进行细分，最终形成“需求－形态－文化”的三轴设计策略，并以自己指导的一些获奖作品作为案例，向学员们展示设计策略的实际应用过程。

竹木家具，即指家具基本用材为竹材和木材，以木材（小径木）或木质材料为家具的基本骨架，以竹编织面板、竹排板、竹人造板等为家具围合板；或者以木质材料为基本结构，以竹材（圆竹）或其加工构件（竹雕、竹刻、竹翻黄块等）为装饰结构的一类家具。陈教授依托本项目，介绍了自己负责的一系列竹木家具课题项目，以及研究过程中的相关成就，并讲解了一系列竹木家具的开发设计原则，包括：人体工效学原则、分析法可持续发展设计原则、“人性化”设计原则、时代性设计原则、本地化设计原则、手工艺与现代科技相结合的设计原则。

下午通过问卷头脑风暴法，陈教授让学员们分组，首先从设计市场导向、家具设计风格与形态、家具类型与功能、制造技术与工艺等方面思考设计5～8个题目，然后再综合成问卷题目；然后，要求学员进行问卷题目答案选项头脑风暴，针对前面确定的问卷题目进行题目答案头脑风暴，答案选项一般为3～5个；最后，完成问卷设计稿。同学们热烈讨论，并分组汇报探讨成果。

陈祖建简介：

- 福建农林大学风景园林与艺术学院教授、博士生导师，设计学学科带头人
- 国家一流专业负责人
- 国家一流课程负责人

现为福建农林大学风景园林与艺术学院副院长（主持工作），福建省艺术设计综合实验示范中心主任、数字创意设计虚拟仿真实验教学中心副主任（省级）；主要从事园林家具、产品设计开发及评价、传统村落、传统民居等方向的研究。近年来，主持福建省社科基金项目、省科技重点项目、省区域重大专项等各类科研项目20多项，发表论文80多篇，出版专著2本，主编教材教参4本、参编4本，获得国家实用新型专利10多项，获得省科技进步奖2项。先后培养博士生、硕士生50余名；指导学生参加各种专业学科竞赛获奖30多项。

圆竹家具设计与实践

2022年8月20—21日，杭州所氏圆竹家具有限公司员工付卫为“传统竹家具传承与创新设计人才培养”培训班学员进行实训授课，实操训练在北京智匠工坊进行。

中国作为竹产业大国，在竹产业发展上有着丰富的经验、成熟的技术与广泛的应用市场；同时，中国在竹产业开发上取得的成就吸引了来自世界各地的“取经者”。杭州所氏圆竹家具有限公司作为圆竹家具的标杆企业，凭借其领先的技术和独特的艺术风格，在行业中独具竞争优势。付卫老师本次作为授课教师，主要以“理论+实训”结合的方式，为学员们讲授了圆竹茶盘制作的工艺流程及技术。

实训的第一天，付老师首先带领学员们进行备料，再打胶、组装、打钉，最后对产品进行调平，同时打磨和修理毛刺。

实训第二天，学员们在前一日的基础上对自己的作品进行完善，同时补钉眼、打磨、上漆，制作最终的成品并进行成果展示与交流。

杭州所氏圆竹家具有限公司对本次国家艺术基金“传统竹家具传承与创新设计

人才培养”项目的实训授课内容提供了非常重要的帮助，一方面是以手工艺作为窗口宣扬传播中国竹家具文化；另一方面又可以将竹工艺技术传承给来自各地的学员，在竹材的利用开发上实现突破，并将中国先进的竹处理加工技术广泛运用于项目的设计产品中。本次实例教学既促进了学员们的相互交流与动手实操，也为未来的竹家具设计开辟新的领域。

竹编家具创新设计及实践

2022年8月22日，安吉竹编非遗传承人雷根水为“传统竹家具传承与创新设计人才培养”培训班学员授课，带领学员们按传统手工制作方式进行竹编工艺的学习。

竹编，是人与竹和谐统一的艺术。摸清竹子的品性，才能更好地发挥它的功能，提升竹文化的内涵。不是所有的竹子都适合拿来编织，常用来竹编的有毛竹、水竹、黄苦竹、紫竹、斑竹、湘妃竹等。竹编制品所用的竹子主要是黄苦竹，一种比毛竹细，但韧性更好的竹子。篾丝可以破得非常薄和细，用于精细竹制品的编制。在加工中，还会用到藤，藤的皮可以破得很细，像线一样，作为收口时捆绑的丝线。藤条和细竹子，还可用来加工手提包的手柄。

手工竹编产品主要用于与竹子相关的文创及旅游产业。雷老师提到，其实现在生活中竹编产品的使用还不是很普遍，竹编产品在竹产业中的占比也很低，只是小部分；竹编手艺人面临后继无人的困境，尽管竹编手艺人的收入提高不少，身份也变得更受尊重，但依然没有年轻人能够坚持学下去。原因有多个方面，一方面是学习过程比较艰辛，需要足够的耐心和韧性；另一方面，相较外出打工而言，竹篾人劳动过程相对繁重，竹编产品依然依靠手工编织，其中剖篾是最难的环节。在授课过程中，雷老师不仅讲解了竹编的理论知识，如竹子的历史、竹材用处、竹编尺寸、材料配比等；更是手把手地教授学员们如何编织简单的竹编工艺品。

对于竹编工艺品来说，不同的风格会呈现出不同的艺术效果，产品的价值也不一样。现实生活中，这些既保留着传统文化韵味，又充满现代艺术气息的竹编工艺品，已被越来越多的人认可并使用，市场也越来越大。如今，市场上经营竹编工艺品的店铺已有近400家。除了各种别出心裁、精美古朴的造型，许多消费者看中的是竹子本身轻盈和环保的特性。取材天然、没有气味的竹制工艺品，正以其独特的竞争力，引领着时尚的消费观。笋长成竹，是一次飞跃；竹变成竹制品，是又一次质的飞跃。实现这一飞跃的，就是竹编艺人。过去，中国乡村中不乏许多竹编手艺人，可随着时间的推移，这些手艺慢慢荒废了。所以说，作为中华文化的一种载体，纯手工艺的竹编传承非常必要且迫切。

雷老师为本项目授课的竹编实践活动，不仅带动了学员们对学习竹编工艺的热情，同时也有助于发掘更多更加精致的竹制品，并通过设计创新，提高竹制品的质量和精美度，更好地向外推广竹编产品和手艺，增强国人对竹编手艺的自信和文化认同。

雷根水简介：

· 资深民间竹编手工匠人　　· 竹编非遗传承人

2015年赴马来西亚砂拉越州为当地竹艺培训班授课；2017年创办的竹光小院竹工坊，长期为各大院校提供毕业设计制作，为当地游客提供非遗竹编体验服务，2019年竹光小院竹工坊被评为安吉县“最美竹工坊”；2017年7月举办为期一周的2017 Mercedes-Benz SUV Journey（奔驰集团GLC综合竞技比赛）古法竹编体验课；2017年10月3日为（童来书院）文化游学系列之竹乡拜月活动竹艺授课；2017年11月5—26日助力华安县华丰镇首届旅游文化节暨高石村第三届民俗文化节；2018年至今长期与安吉竹子博览园合作，为其竹编体验活动授课；2020年至今多次为浙江科技学院竹编课程授课；2018—2020年连续三届助力安吉县报福镇开竹节；2020—2021年为敏实集团举办为期一年的竹编体验课程；2019年创作代表作《竹编龙》，现展示于浙江省安吉县报福镇上张村文化礼堂内。

竹家具传承与创新设计

2022年8月23日，中央美术学院城市设计学院副教授高扬为“传统竹家具传承与创新设计人才培养”培训班学员授课，主题为“竹家具传承与创新设计”。学员们通过汇报自己的设计方案，彼此交流现代工艺背景下新时代竹制品的特色与设计趋势，高教授针对学员们的竹家具产品设计进行细致点评。

在与学员的交流中，高教授讲到，作为中国设计师，对传统的理解不应是纯粹猎奇，而应是理解融合。中国传统家具审美极高，工艺、形态已达巅峰，照搬无法超越传统的高度。所以，要善于运用本土文化，扩散材料运用的思维，去做现代工艺的展示、现代化的设计。通过运用现代技术去不断尝试新造型生成方式，才能突破家具设计的固有模式。同时，一定要明确设计目标，时刻思考平衡中国传统工艺与现代家具设计之间的关系，以及如何紧跟中国人居家需求与美学传承流动。最后，高教授提出一些建议：“竹材是中国传统文化重要组成部分，无论是文学作品里的托竹言志，还是南方家庭的户户种竹，竹子环保而富有生活温度，真正对它接触、抚摸、感受，才能得到你想要的东西。”他鼓励学员们继续完善自己的作品，希望大家在未来持续保持创作热情。

通过本次学习和互动交流，学员们表示明确了作品的设计理念，加强了对竹材现代化应用的理解。

高 扬

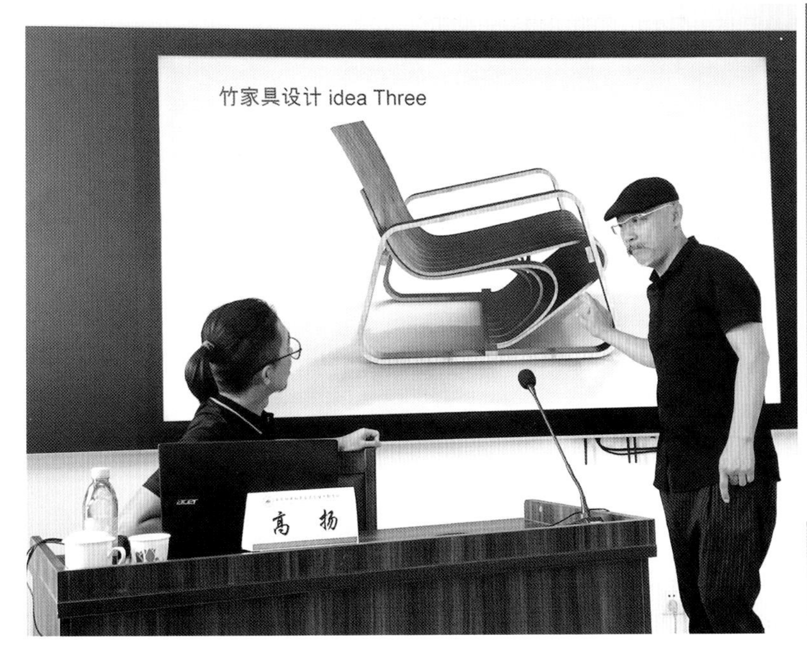
竹家具设计 idea Three
高 扬

3 游学采风

京作榫卯艺术馆

2022年8月24日，京作榫卯艺术馆馆长刘岩松为“传统竹家具传承与创新设计人才培养”培训班学员采风游学授课。作为本次采风游学的承办方，京作榫卯艺术馆凭借独特优势让学员们零距离接触非遗文化，学员们认真观摩的同时也充分交流了对传统红木家具的想法，为发扬传统家具文化、弘扬非遗京作榫卯技艺献计献策。刘馆长一边讲解京作榫卯，一边与学员们互动交流。学员们纷纷表示此番沉浸式体验京作榫卯艺术的方式，能够切身实地体会到中国传统家具文化，对中国家具也有了更深理解。

除了文化经验交流外，京作榫卯艺术馆还为本次项目培训班学员们安排了沉浸式的体验活动。备料仅有几块开过榫头和榫眼的木板，没有五金件和胶水，学员们在亲手组装榫卯盒子的过程中体会了榫卯相互咬合的奥秘。京作榫卯不仅仅是组装后可以保持结构稳定，关键在于所有的榫卯都可拆卸，大到床榻屏风，小到装饰物件，在拆解后都可以轻松搬运。这就如我们传承至今的中华文明一样，在几千年间中不断创新并稳定发展。

作为中华民族独特的工艺创造，榫卯结构蕴含的力学、数学、美学和哲学智慧，受到国内外家具和建筑艺术家的赞叹，正是这种精妙结构的运用，提升了中式家具的艺术文化价值。刘馆长认为，对于传统家具文化来说，我们目前做得还远远不够，设计工作者应永远根植中华传统文化和艺术，传承京作榫卯技艺，普及古典家具文化！

京作榫卯艺术馆位于北京中轴线积水潭畔“小西天（太平盛世）”牌楼旁，创立于2006年，承载着刘馆长对京作榫卯文化的挚爱和对京作硬木家具营造技艺代表性传承人种桂友恩师的景仰。作为非物质文化遗产传承人的工作室，这里是京作榫卯艺术传承、创新发展的平台，是清华大学美术学院漆艺研究所、北京林业大学材料科学与技术学院等高校的校外实习实训基地。作为我国一家以榫卯技艺为主题的艺术馆，这里陈列着数百种京作传统榫卯家具及榫卯结构部件，以及与之相关的珍贵实物及文字、图像资料。作为公益性的艺术馆，其免费接待世界各地团体数百场，参观人数每年达数万人次，海内外人士均感叹榫卯艺术之精妙。艺术馆还多次参与重大外事接待的传统家具配置服务、故宫家具的复制修缮、天安门城楼的家具保养等重大项目。作为中华传统文化教育与传播基地，艺术馆面向社会各界开放，提供非遗进课堂的文化体验等实践活动的场所以及教具和教学课程等。同时，这里也是中央电视台、北京广电集团京作榫卯文化节目录制基地。

金隅龙顺成文化创意产业园

2022年8月25日，“传统竹家具传承与创新设计人才培养”培训班学员们继续开展采风游学的活动。活动内容主要分为两部分：学员们上午由南红国馆长带领，在金隅龙顺成文化创意产业园的京作非遗博物馆进行参观学习；下午李淦老师和京作家具第五代传承人刘更生老师在北京市海淀区西三旗的龙顺成京作家具传承基地为同学们进行讲解，帮助大家进一步体会京作非遗家具的文化魅力。

金隅龙顺成文化创意产业园是按照北京“文化中心”建设、打造“博物馆之城”总体定位，在集团“四个发展”战略理念引领下，为北京冬奥会相关活动提供接待服务的综合园区。作为北京中轴线上首家京作非遗博物馆，馆内系统展示了龙顺成160年来的辉煌发展历程，全面呈现了明清高端硬木家具和为重要历史事件定制的大国重器，并完整展现了国家级非物质文化遗产——“京作硬木家具制作技艺”。

龙顺成制作的“京作”硬木家具，保留了传统明清时期的造型，工艺考究，用料实在，做工精细，榫卯结构科学合理，在复杂多变中兼顾美观与牢固；造型典雅、厚重，纹饰吸收了夏、商、周三代古铜器和汉代石刻艺术的有机营养，并广泛使用祥瑞题材，将各种龙凤纹样巧妙地加以运用，显示出瑰丽、繁华的富贵气象；运用独特的烫蜡工艺，在对木材起到保护作用的同时，能够充分显示木材的自然美，是纯正的环保家具，不仅具有实用价值，而且还具有很高的艺术价值与收藏价值。

下午，学员们继续前往龙顺成京作家具传承基地深入学习。在学习交流中刘更生老师介绍，近年来龙顺成不仅在制作环节持续创新，经营环节也与时俱进。龙顺成开通新媒体平台，客户可以在龙顺成官方微信公众号上直接下单购买；在京东、淘宝等电商平台上开设了官方旗舰店；开通抖音号，吸引更多年轻的客户群体，让传统文化以最现代的方式在下一代人心中生根发芽。另外，龙顺成现已形成集销售、展示、咨询、古旧文物家具修复与鉴赏于一体的红木家具文化创意园。面向未来，龙顺成志在打造百年传承基地，提升文化营销模式，扩大经营品种，形成高档红木收藏品系列，始终秉持京作硬木家具制作这一中国传统家具制作技艺，弘扬中国优秀传统文化。

五感的建筑

2022年8月26日上午，“传统竹家具传承与创新设计人才培养”培训班学员们前往北京嘉德艺术中心参观隈研吾展览，继续项目的采风游学活动。隈研吾是日本知名建筑师，他的个展“五感的建筑”从展陈到内容都从“五感”出发，强调未来的建筑应诉诸人的所有感官，给人的内心带来慰藉。展览将以白色织物营造轻盈空灵的氛围，涵盖5个展览单元，打造以空间装置，隈研吾重要建筑设计模型，及手稿、数字多媒体、材料、实验音乐、文献叙事于一体的建筑艺术魅力体验空间；并以“视·听·触·嗅·味”一系列多元感官印记为线索，启动人与建筑场域的连接、互感与对话，以及对人与自然关系的注解，为人们带来后疫情时代的精神疗愈。

展览入口区域的艺术装置《竹涧》重现了隈研吾大师的内心深处描绘的“原风景”。构成《竹涧》的竹条有一万支以上，均由可再生、可重复组装的构件所连接，展现出隈研吾关于“自然的建筑”的哲学与生态环保的思想。竹的柔韧与重力形成绝妙的平衡，形成竹的曲线，浮于空中。《竹涧》起始于释放想象力的“五感之庭”。

在作品《竹曲》中，大量竹条形成幅度与曲率不尽相同的曲线，延伸出平缓的螺旋形状。竹的流动描画着摇曳的螺旋，映照出竹林错落的光影，营造出一个像是突然出现在静谧竹林中的茶室空间。

入口是展览的序章，也映射出隈研吾对于后疫情时代生活方式的思考。学员们在展览中发现大量作品都体现东方智慧的榫卯结构，贯穿于装置作品、模型、材料实验中；与此同时，竹与石也散落在展厅各处。在隈研吾看来，孕育自工业化的“盒子建筑”易于建造，但它与外部环境绝缘，在疫情之下往往会变成“牢笼”般的存在。而他认为自己的作品“有很多大的孔洞、阳台、窗户、庭院等，让它们尽可能地融入外部自然元素，打造了很多通风良好的空间”。像这样尽可能地增添建筑中的自然元素，可以使人们即使置身建筑之中，也如在大自然中一样开阔。即使是在疫情之下，住在这样的建筑里也不会有被禁锢于“牢笼”之感。

大多数建筑展以视觉化为中心，比如展示模型、图纸，或者播放视频。而在隈研吾看来，对建筑的体验来说，单一视觉化的呈现无法满足人类的感官需求，因为视觉上接收的，仅仅是人类感官所感觉的极小一部分。因此，展览试图调动人的全部“五感”。比如，展览中，隈研吾为观众选择了气味，希望唤起人们的嗅觉，并在这种气味环境中，与气味一起感受建筑。每个空间都有各自不同的气味，漫步其中时，可以感受到作者本人想到的气味、木材散发的气味、周围绿草散发的气味、风的气味等。在听觉上，展览在不同模型区以声音为背景，帮助观众运用听觉感受“走进”这些建筑。

此外，材料感在“五感”中也很重要。材料所具有的柔度、硬度、粗糙感、光滑感等都是隈研吾所珍惜的元素。隈研吾认为，建筑的材料感比视触感，会更强烈地触动人心。因此，为了让观众感受到建筑材料感的部分，在靠近展品的地方，也能实际体验到触摸材料的感受。

本次北京嘉德艺术中心隈研吾个人展览的采风游学，让学员们体会到疫情时代的背景下，隈研吾大师的设计对现代建筑做出的回应。隈研吾曾说:“20世纪，随着土木工程的规模不断扩大、内容日趋复杂，现代建筑在不知不觉中变成了与自然相对立的工业产品。”相比之下，在人工搭建建筑的时代，建筑所使用的木、土、石等材料独具魅力，虽然那时的建筑可能没有那么牢固，但也正因如此才使人们感受到了独特的风与光。学员们通过探索学习，加强了对后疫情时代未来建筑与家居设计方向的定义与思索。

国际竹藤中心/国际竹藤组织

2022年8月26日下午，“传统竹家具传承与创新设计人才培养”培训班学员们参观国际竹藤中心与国际竹藤组织。学员们先前往国际竹藤中心的竹藤展厅和实验室，并在方长华研究员的讲解下交流学习；而后又在国际竹藤组织副总干事陆文明的带领下赴国际竹藤组织参观游学。

国际竹藤中心是经科学技术部、财政部、中央机构编制委员会办公室批准成立的国家级非营利性科研事业单位，是立足国内、面向世界的以竹藤科学研究为主的科研、管理与培训机构。中心主要开展竹藤等生物资源的保存、培育、改良、加工利用等方面的科学研究，设有生物质材料、基因科学、生物资源化学、资源培育与生理生态、绿色经济等研究方向。学员们首先参观了国际竹藤中心科技成果展厅，方长华研究员介绍了国际竹藤中心在竹产业国际合作、技术攻关、乡村振兴等方面的创新成果。

整个竹藤中心入口处从天花板至地板皆由竹、藤构成，每一处设计都体现了促进竹藤资源可持续开发利用的理念。展厅内展示了应用到生产生活方方面面的竹藤产品和样品，充分展示了竹藤巨大的利用价值，柔滑软暖的纤维纺织物、竹制键盘鼠标、精美家具陈设、曾为拍摄《红楼梦》提供的竹藤桌椅、太阳能圆竹预制房、现代竹预制房、古典雅致的竹制钢琴等产品让人应接不暇，生机勃勃的竹藤产业近在眼前。

在交流中，方长华研究员明确讲到国际竹藤中心在竹藤创新领域的重要地位，国际竹藤中心一直以来都在促进产、学、研、用深度融合，聚焦国家战略和竹藤产业重大需求，不断提升竹藤科技成果推广和科技服务产业发展能力，助力乡村振兴和“一带一路”建设中发挥着先锋带动作用。方长华研究员认为，“传统竹家具传承与创新设计人才培养”的项目学员们应充分利用国际竹藤中心的平台进行科技创新和设计创新，尤其在绿色低碳环保方面，牢记助力乡村振兴、实现人与自然和谐相处理念。同时，竹藤科技工作者要始终胸怀“国之大者”，树立国家意识和国家立场，主动把竹藤各项工作置于生态文明建设、创新驱动发展等国家战略之中。

参观了国际竹藤中心的竹藤展厅和实验室之后，国际竹藤组织副总干事陆文明带领学员们进入国际竹藤组织采风学习。在交流中陆干事表示，学员们应发挥各自家乡独特的地理优势，加强不同领域内的竹产业合作，用价值产品推动当地的竹产业和全球竹藤产业深度融合，为竹产业的高质量发展注入新动力。

国际竹藤组织是1997年成立的第一个总部设在中国的政府间国际组织，其宗旨是以竹藤资源的可持续发展为前提，联合、协调、支持竹藤的战略性及适应性研究与开发，增进竹藤生产者和消费者的福利，推进竹藤产业包容绿色发展。除总部位于中国北京外，国际竹藤组织在喀麦隆、厄瓜多尔、埃塞俄比亚、加纳和印度等地设有区域办事处。国际竹藤组织目前拥有49个成员国，成员国主要来自发展中地区，是南南合作和“一带一路”的重要平台。2020年，国际竹藤组织与联合国粮食及农业组织签署了合作备忘录，双方建立工作组定期开会，推进全球竹藤资源清查、竹子生物质能源和退化土地上竹子造林及气候变化等方面的深度合作。2021年，国际竹藤组织与联合国工业发展组织签署合作备忘录，建立竹子工业园，推动竹藤标准及其产业化。

4 结项作品

PERSONAL PROFILE 个人简介

崔 涛

- 西南林业大学硕士研究生在读
- 家具设计师、陶艺家、木匠、皮匠、手艺人
- 山东美墅美陶工业设计有限公司掌舵人
- 美墅美陶雕塑与环境陶艺研究院院长

以原生态风格见称，善于将各地域原生态文化及艺术元素融入其设计中。长期对接工程方与厂家，以创造更高价值为己任，从事实木家具与定制产品研发、环境设计、雕塑与陶艺研究。设计项目遍布北京、上海、广州、深圳及其他省会城市。

Work Design
Description 作品设计说明

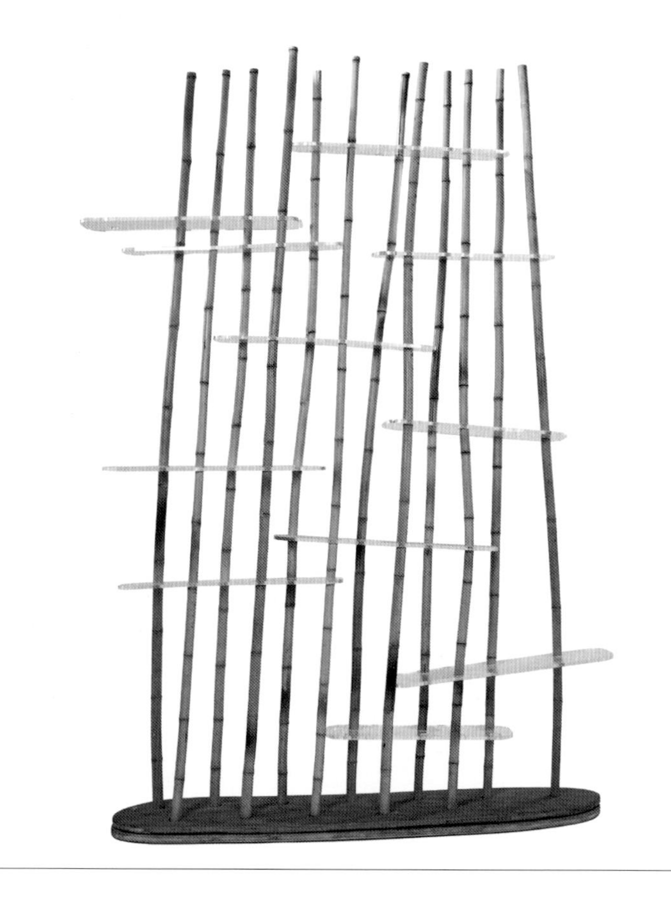

“见山”屏风
——心中的那片云那片山

作者姓名：崔　涛（山东美墅美陶工业设计有限公司）
指导教师：宋莎莎　高　扬
企业支持：山东美墅美陶工业设计有限公司

灵感来源于吴冠中的江南风水墨画和中国文化里面关于山、水、茶的诗句。用点线面的方式，通过多种材质混合搭配，立体构成的形式，底座为实体，圆竹为线，亚克力做云片（点、面），立面空间为虚，重现中国人文画的山水情怀。“开门见山”指打开门就能看见山，出自唐代刘得仁《青龙寺僧院》。屏风具有空间分隔的功能，打开门见屏风，穿过空间见屏风，即“见山”。屏风的造境要合乎自然，而写境邻于理想，此是虚实结合。把竹子、云海、山川、河流浓缩在这几平方米的屏风中，“隐”与“显”相依，“虚”与“实”共存，具体变成抽象，渐悟飞升到感悟，表达了心之所思“心中的那片云那片山”。用最简化的工艺制作，环保可持续，成本低，可拆卸，便于运输与安装。材料以直杆圆竹和竹平压多层板为主，亚克力板、铁板为辅。空间定位：茶楼、会所、办公。

PERSONAL PROFILE 个人简介

高　阳

· 香港浸会大学传播学硕士研究生
· 山东交通学院艺术与设计学院讲师
· 山东省文化艺术科学协会会员
· 北京林业大学材料科学与技术学院在读博士
· 从事品牌传播、家具设计研究

Work Design

Description 作品设计说明

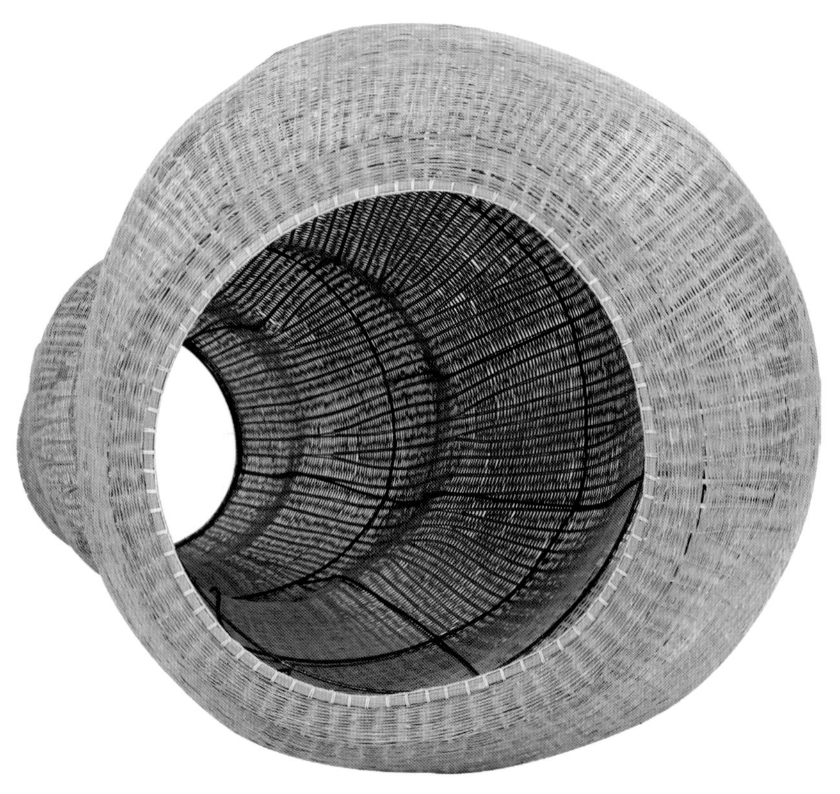

海螺椅

作者姓名：高　阳（山东交通学院）
指导教师：宋莎莎　高　扬
技术支持：雷根水

运用竹编工艺结合仿生设计的儿童家具，让孩子和家具充分地互动起来。这件家具可以像一只海螺，可以是一个笼子，无奇不有的样式，充分满足孩子们的好奇心。

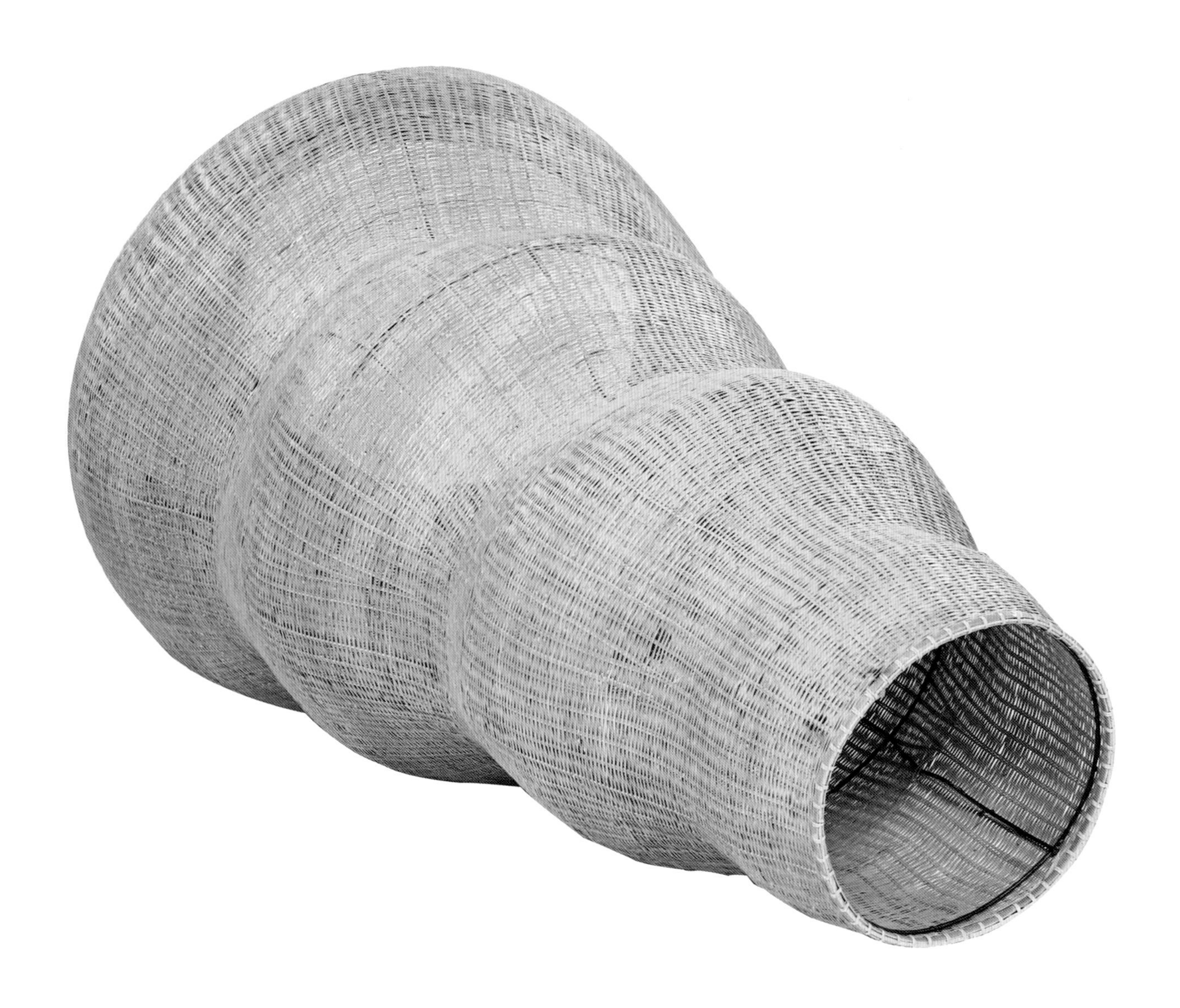

PERSONAL PROFILE 个人简介

黄　勇

- 本科毕业于湖南农业大学园艺园林学院（现风景园林与艺术设计学院）风景园林专业
- 高级园林设计师
- 园林工程师

曾任广州景森设计股份有限公司园林专业设计师、湖南建科园林有限公司主任设计师、湖南升隆园林建设有限公司设计总监兼公司经理。现已自己成立湖南焯萱园林景观有限公司，统揽风景园林项目从项目对接到景观设计，再到工程招投标及项目的施工全过程。

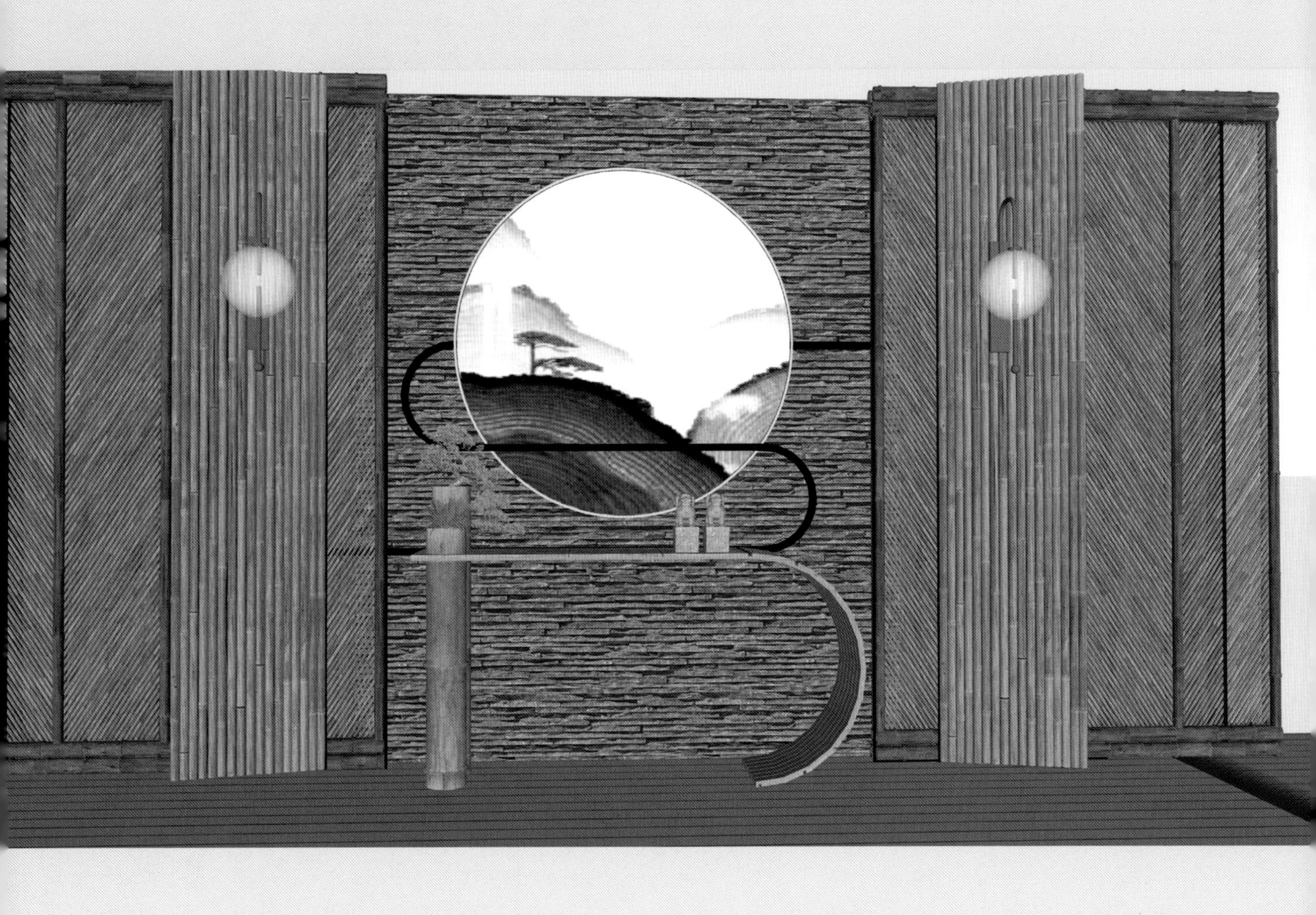

Work Design
Description 作品设计说明

“融”玄关几案

作者姓名：黄　勇（湖南焯萱园林景观有限公司）
指导教师：宋莎莎　高　扬
企业支持：浙江三箭工贸有限公司

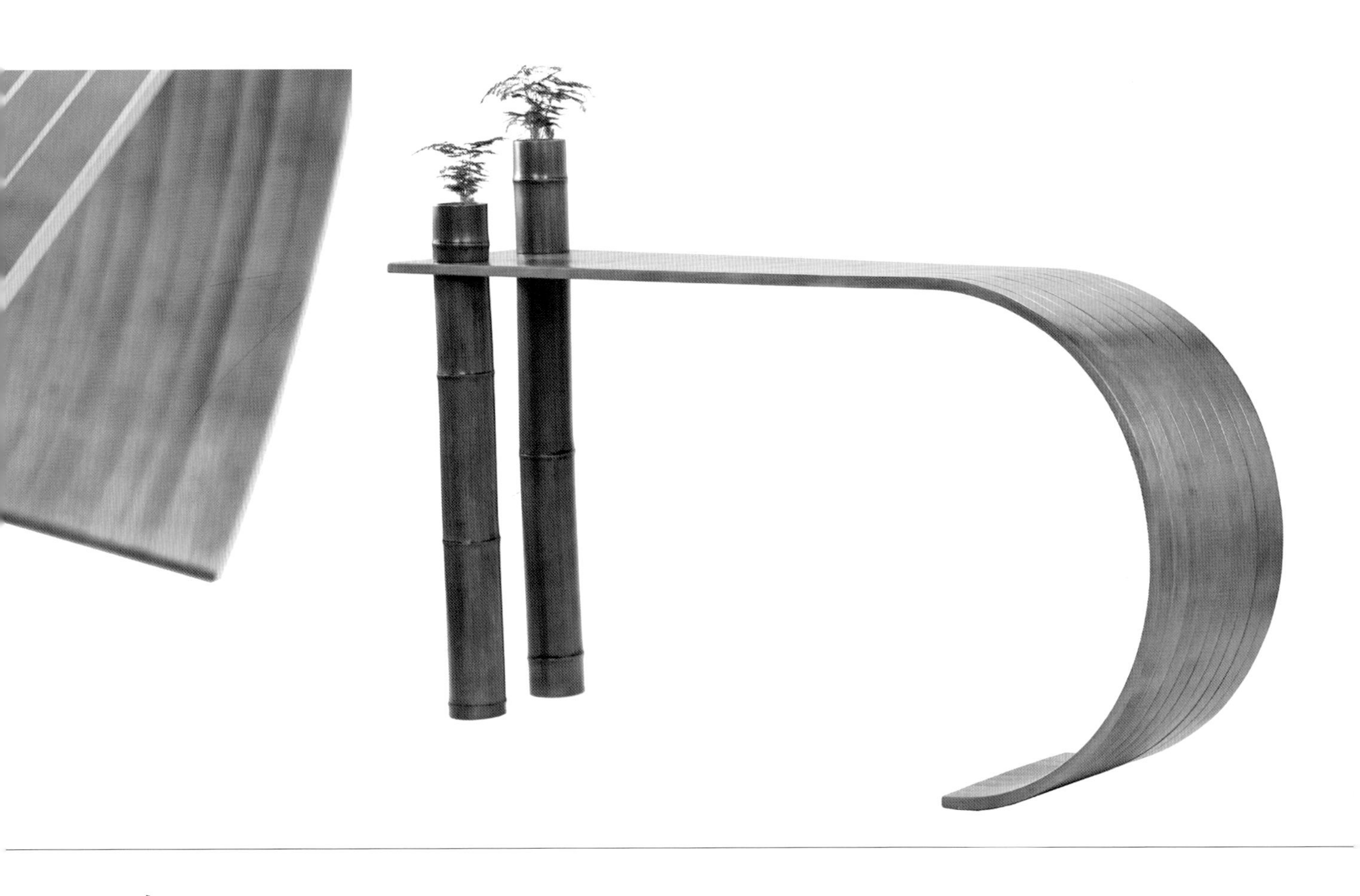

以竹子作为载体，通过方与圆的有机组合、虚与实的巧妙搭配，形成简洁、空灵、静寂、圆融且富有禅意的几案造型，给人以无限遐想空间。

此几案采用两截 Φ10～12cm 的竹筒作为几案一侧的腿足，两根竹筒一高一低伸出案面，再加上竹筒保留的竹节造型，蕴含“节节高升”的美好寓意。同时，伸出桌面的竹筒内部掏空，内置防水器皿，可栽植植物盆景或作为笔筒装饰。九根竹条并列排放，形成几案面，寓意“长长久久，连绵不断”。并排的竹条一端弯曲成半圆形成几案另一侧的板足支撑。传统工艺制作成的竹筒腿足笔直、空心且有节，现代新工艺制作的桌面平整、光亮且韧性十足，将竹子“虚心、有节、清脆、坚韧”的文人风骨和材料特性“融”于此玄关几案。同时，竹材传统加工工艺（竹筒加工工艺）的传承与现代新工艺（竹材弯曲成型工艺）的探索实践，也通过此几案有效地“融”为一体。

PERSONAL PROFILE 个人简介

金长明

- 鲁迅美术学院（沈阳校区）工业设计系（现工业设计学院）硕士研究生
- 沈阳大学副教授
- 人民美术出版社签约作者
- 普象网推荐设计师

参赛作品获省级奖20余项，其中金奖6项；获国家级奖8项，其中2项作品分别入选和入围第十二、十三届全国美术作品展览。

Work Design
Description 作品设计说明

"流淌"竹躺椅

作者姓名：金长明（沈阳大学）
指导教师：宋莎莎 高 扬
企业支持：浙江三箭工贸有限公司

该躺椅采用天然竹条制成，运用竹条的刚、柔、韧的特性和特殊连接结构制作而成。躺椅靠背和椅面受力部位运用独有的“以骨带肉”竹垫形式，起到承托人身体的作用。

设计灵感源于弧形钢板的弹性结构，运用竹的弹性与韧性调节各位置的软硬度，竹条间隙透气，显著提升靠背的舒适度，以坚实的材料达到柔软填充靠背的效果。曲线形态优美、刚柔相济，在身体两侧和腿部的竹条，造型上有层次的渐变，也提供了一种包裹感和舒适性。躺椅的26根辐条，两两相对，上下呼应；侧面曲线由上而下既有节奏韵律感，又符合人体尺寸。通过8根连接杆固定，底部的3根辐条起到衬托主体的作用。

PERSONAL PROFILE 个人简介

考贝贝

- 鲁迅美术学院工业设计学院硕士研究生
- 湖北美术学院讲师

代表作品《线语——家具设计》获湖北高校美术与设计大展银奖；主持参与省级项目多项，如湖北省普通高等学校人文社会科学重点研究基地现代公共视觉艺术设计研究中心项目“鄂东民间竹器研究”；湖北省非物质文化遗产研究中心项目“传承‘非遗’的文化创意旅游产品设计与教学实践研究”；等等。

Work Design
Description 作品设计说明

修·竹

作者姓名：考贝贝（湖北美术学院）
指导教师：宋莎莎　高　扬
企业支持：浙江三箭工贸有限公司

设计灵感来源于明式家具的艺术特征与哲学理念，结合竹材的材料特征和结构特点进行竹椅的设计。

形式上，提取明式家具中圈椅的艺术特点，将椅圈的曲线走势和椅腿的一木连做，融入设计中，圈椅“以人为本”的功能性决定了其造型的优雅简洁；材料结构方面，运用竹板材的弯曲工艺，巧妙地实现了搭连、承托的特性与语言，形成了整把椅子的曲线动感和线条的流畅性。此椅前面看具有四平八稳的稳定性；后面看，椅面后转而成的后腿，与靠背的竹条紧扣并向前或向上，充满了植物生长的生命力。

PERSONAL PROFILE 个人简介

李　明

· 盐城工业职业技术学院艺术设计学院副教授
· 江苏省高校“青蓝工程”优秀青年骨干教师

曾获教育部职业院校青年教师讲课“金教鞭奖”银奖，江苏省教科院教学设计比赛一等奖，江苏省高校微课教学大赛、江苏省职业院校教学能力比赛、江苏省室内装饰设计大赛三等奖，全国住房和城乡建设职业教育教学指导委员会教学成果二等奖、中国纺织工业联合会教学成果三等奖。

SMEG
SMEG

Work Design
Description 作品设计说明

"曲水流觞"吧台凳

作者姓名：李　明（盐城工业职业技术学院）
指导教师：宋莎莎　高　扬
企业支持：浙江三箭工贸有限公司

曲水流觞，原是中国古代汉族民间的一种传统习俗，后发展成为文人墨客诗酒唱酬的一种雅事。词语出自王羲之的《兰亭集序》："此地有崇山峻岭，茂林修竹，又有清流激湍，映带左右，引以为流觞曲水，列坐其次。虽无丝竹管弦之盛，一觞一咏，亦足以畅叙幽情。"

该作品为吧台凳设计，适用于公共及家居空间中。取名"曲水流觞"，一是从作品的表征上看，座面形似流

水、成料皆取竹材，隐喻出“兰亭”之景；二是从作品的功能上看，吧台凳的设置既增加了室内情调，又能满足主宾畅饮叙旧、享受放松惬意的感觉，通达“畅叙幽情”之境。作品通体采用竹集成材制作而成，既保留了竹的文化属性，又能满足造型和强度上的需求。设计采用虚实结合的手法，座面由一组弯曲的扁形竹板排列而成，腰靠处向后拱起形成弧度，给人以圆润舒适的感觉；座面前端向下微弯，使得腿部放置更加惬意。整体曲线由高向低，犹如流淌蜿蜒的溪流一般。前后腿一体成型，向下成一定角度自然分开，支撑更加稳定；腿部高度与座面平齐，在增加座宽的同时，也起到固定座面的作用。结构上，座面并排的曲板由前后两根圆柱杆横向穿插进行连接，并固定在两侧腿部；腿部横枨则采用传统榫卯结构予以固定。吧台凳整体造型清爽干净，向上挺拔，又具有曲直、方圆的对比。

闲坐吧台旁，或品茗，或小酌，或谈赋，岂不快哉？此情此景，也可谓“兰亭丝竹，曲水流觞”的现代演绎吧！

李　珊

- 华南农业大学硕士研究生
- 西南林业大学材料与化学工程学院博士在读
- 柳州工学院设计艺术学院副教授
- 二级家具设计师

曾任职于深圳家具研究开发院，为四川全友、北京天坛、广西壮象等知名企业设计家具作品。2021年获广西人力资源与社会保障厅职业技能大赛家具项职工组第二名。

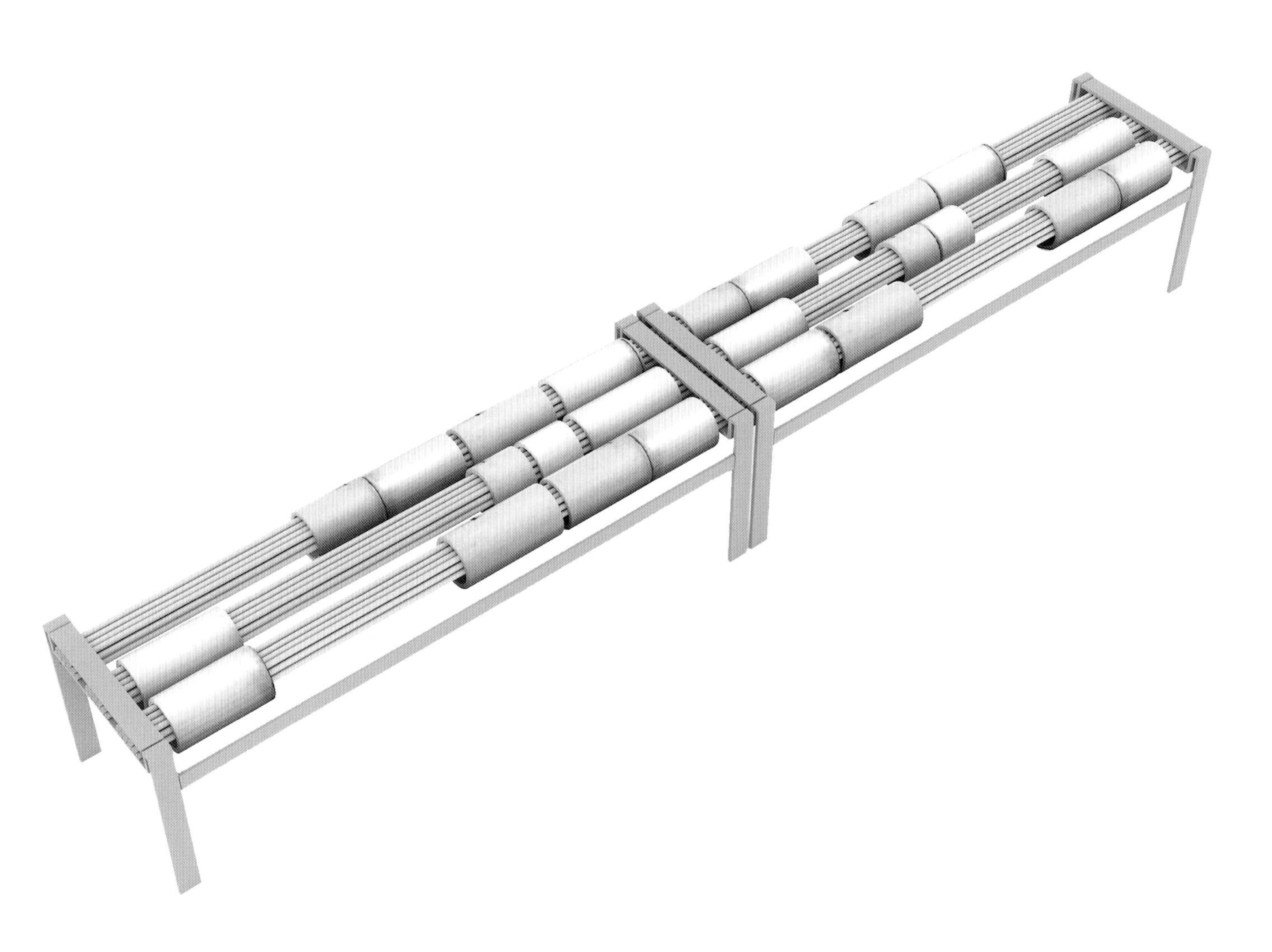

Work Design

Description 作品设计说明

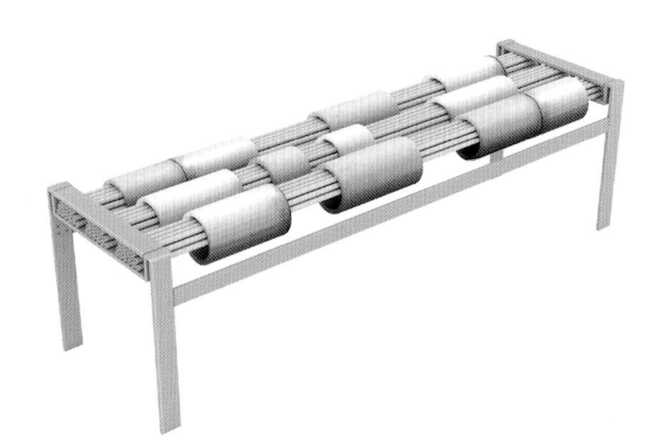

“滑一下”圆竹公共座椅

作者姓名：李　珊（柳州工学院）

指导教师：宋莎莎　高　扬

企业支持：浙江三箭工贸有限公司

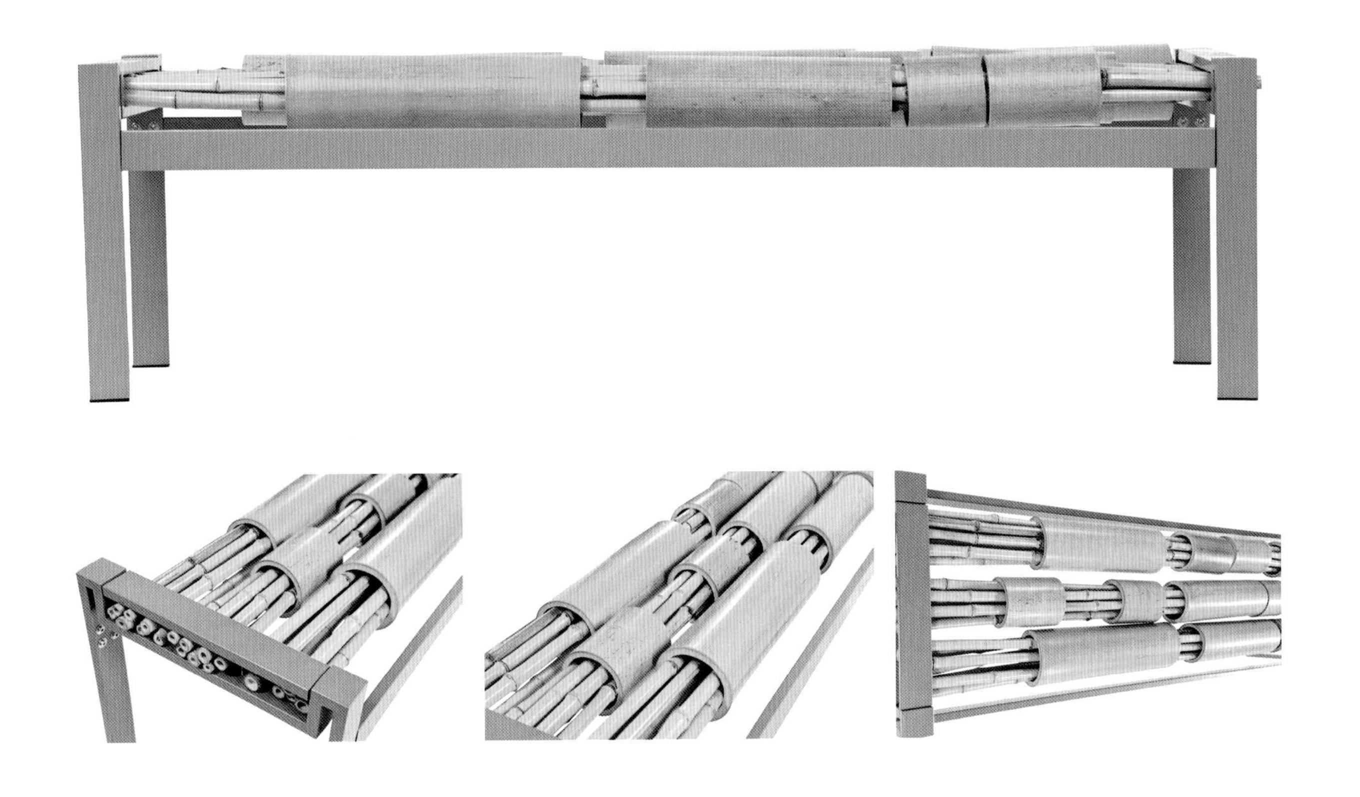

作品选用圆竹为主材，结构上采用穿套结构方式，规避圆竹材料在尺寸规格上不均一、难标准化利用的特性，使圆竹的原态化利用得以实现，使家具同时具备竹材的自然感和金属材的现代感。

考虑了座椅的使用状态，即使用者之间存在“安全距离”“亲密距离”等关系，大直径竹筒可以沿小直径竹竿滑动，以调整大直径竹筒间的距离，从而形成使用者之间坐的距离，选择“亲近、安全、分享”等使用状态，使作品具备更强的互动性和趣味性。

PERSONAL PROFILE 个人简介

李霞霞

- 南京林业大学博士
- 太原理工大学艺术学院讲师
- 主要研究家具与室内设计人因工效学、文化遗产数字化保护与传播等方向

Work Design
Description 作品设计说明

竹·组

——形相依、意共生

作者姓名：李霞霞（太原理工大学）
指导教师：宋莎莎　高　扬
企业支持：浙江三箭工贸有限公司

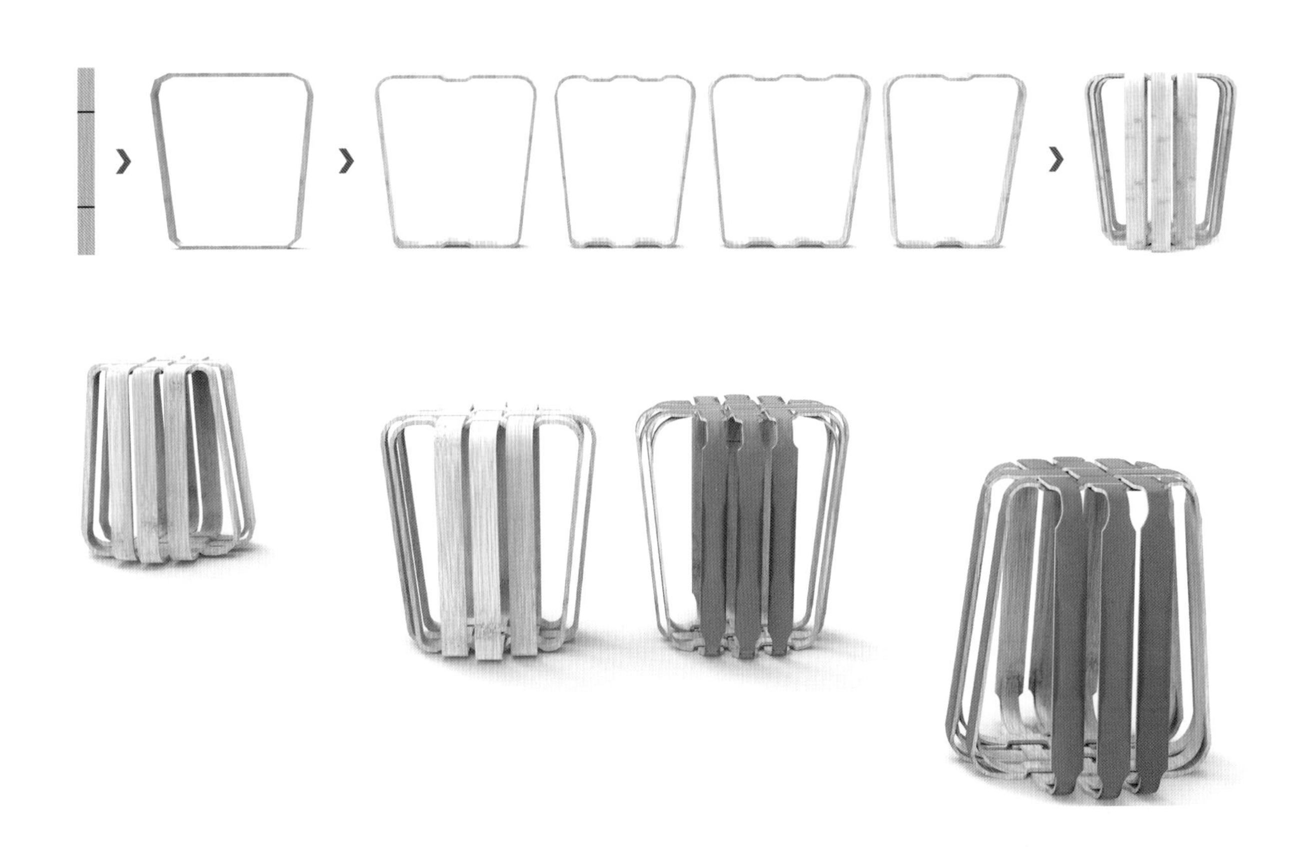

竹材的经纬交织与弯曲变形，两者是传统竹编产品的常用工艺。如何在保留传统竹编工艺和寻找竹编产品的当代化应用之间找出新的突破点，成为亟待解决的问题。

借由竹材材质的特点，运用材料与人体关系的结合，设计成具有东方审美意向的竹制凳子。竹凳整体由6个弯曲竹制边框经纬交织而成，框架既是竹凳的支撑结构，又形成了竹凳的外观形态。交接处凹凸弯曲，十字交叉，井然有序，自然流动。凳子上下两面均呈弯曲编织形态，形成了贴合人体坐姿的座面。其整体形态展现了竹子的弯曲强度工艺，彰显了竹子的劲挺有力和灵动轻巧。

作品将竹材以新形式样貌表现，期望于“旧”与“新”之间转化出一条桥梁，唤醒人们重新审视并体验身边竹材纯粹的美感，借由设计去尊重自然环境原生材质理念，让竹材以独特的自然形式创造当下时代的东方美学精神。

PERSONAL PROFILE 个人简介

刘晶晶

- 浙江农林大学硕士研究生
- 浙江广厦建设职业技术大学艺术设计学院讲师
- 中国林学会家具与集成家居分会理事
- 主要研究家具文化、传统家具制造工艺、红木家具数字化等方向

Work Design

Description 作品设计说明

亲子竹凳

作者姓名：刘晶晶（浙江广厦建设职业技术大学）

指导教师：宋莎莎　高　扬

企业支持：浙江三箭工贸有限公司

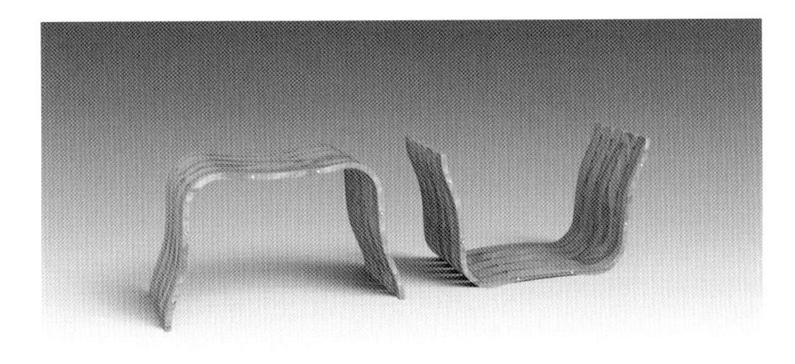

作品以竹集成材和竹皮复合材料、竹条为基材，以弯曲竹工艺为导向，从造型形式、复合功能、材料综合角度，对现代竹家具进行了探索。

设计意图：一方面旨在通过竹子特有的弯曲韧性，表达线条的丰盈变化，凸显竹材的特有魅力；另一方面通过竹子这一载体打造一款符合现代生活方式，融于自然的亲子家具，从而提升亲子间的交互体验，促进亲子间的相互交流，拉近父母与孩子的距离，从心理层面加强亲子感情。

设计造型：一母（父）一子，可重叠放置。大的尺寸是为父母而设计，小的尺寸是给孩子使用。整体设计从细节间增进家人的交流与沟通，让亲子家具产品形成父母与孩子之间的“调味品”。看似简单的设计，却给孩子成长很大的促进作用。大的竹凳造型由两部分组成，分成两股力量，一部分由腿部向上再向水平面行走，形成座面的主要支撑面，材料采用竹皮复合材料；一部分以0.5cm单位的竹片逐渐向上弯曲再转下到座面，竹片制成流畅的弧面，犹如行云流水一般，自然形成扶手，座面上部分的竹片与座面下支撑面形成对抗的力量。竹凳整体座身采用2cm的竹皮复合材料，弯曲成型，座面弧面两端稍高，中间略低，弧面的转折变化更接近人体坐椅子时的臀部弧度，坐起来更为舒适；座面两端分别向下延伸，形成曲线的变化，整体造型静止中带着张力；当使用者坐下去的时候，充分利用竹片的韧性，座面与下支撑面形成一体。小的凳子造型上，以大的为基调，整体比例缩小，基于人体工学尺寸而设计；形制上展现趣味性，可以依据心情选择使用正面或反面，反过来时，凳子原本的腿部支撑成了“保护层”，座面可放置软垫。

刘玲玲

- 东南大学机械工程（工业设计）专业硕士研究生
- 桂林理工大学艺术学院副教授、硕士生导师，产品设计教研室主任
- 《湖南包装》杂志编委
- 广西科技管理信息平台入库评审专家
- 中国工业设计协会会员

研究方向为工业设计、非遗数字化保护，荣获“全国工业设计大赛优秀指导教师”“全国高校数字艺术设计大赛（NCDA）华南赛区优秀指导老师”及国际竹具设计大赛“金牌指导教师”等荣誉称号。

Work Design
Description 作品设计说明

桂林山水印象
——竹椅设计

作者姓名：刘玲玲（桂林理工大学艺术学院）
指导教师：宋莎莎　高　扬
企业支持：浙江三箭工贸有限公司

该设计提取桂林山水起伏曲线，幻化为竹家具的框架侧面曲线，采用重复山水特征线这一手法，创作极具韵律美感的竹家具作品。该设计注重新工艺、新技术，从材料重组及条状弯曲、框幅弯曲、长度弯曲等多角度拓展，突出竹家具线条语言的丰富性，演绎桂林山水的唯美，体现中国竹家具的意象特征。

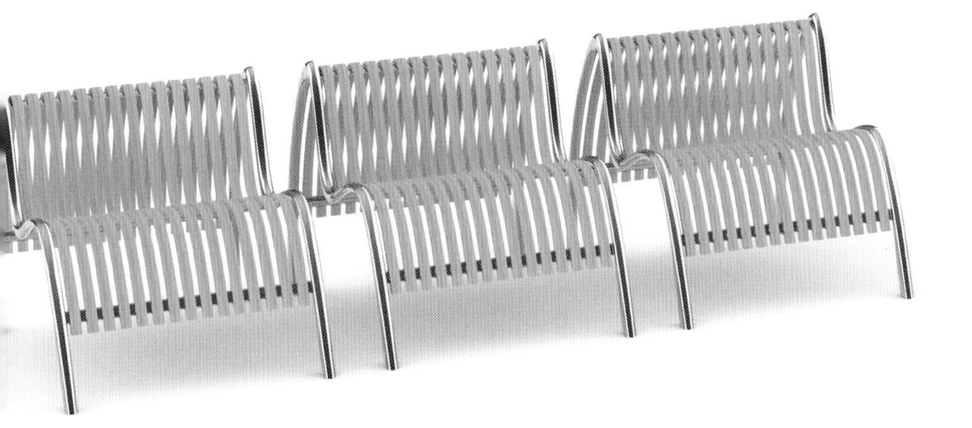

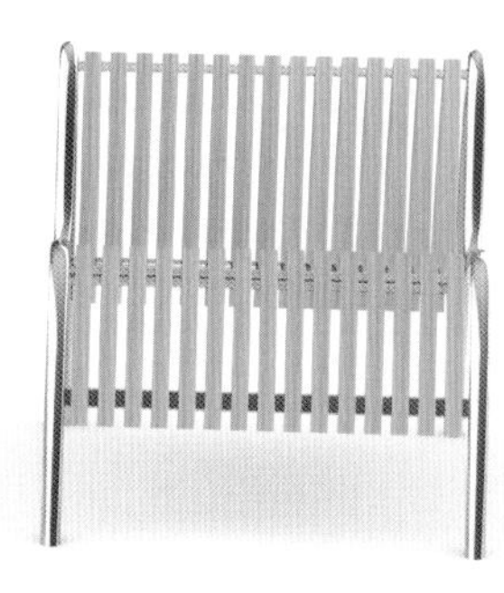

裴立波

- 齐齐哈尔大学美术与艺术设计学院讲师
- 中国工业设计协会会员
- 黑龙江省艺术设计协会家具设计分会副秘书长
- 研究方向为家具数字化创新研究

Work Design

Description 作品设计说明

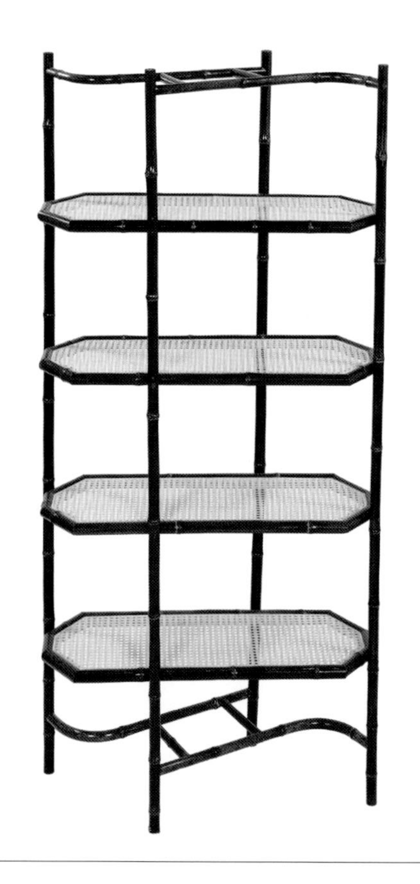

“知竹”茶架

作者姓名：裴立波（齐齐哈尔大学）

指导教师：宋莎莎　高　扬

企业支持：杭州临安风宋工艺品有限公司

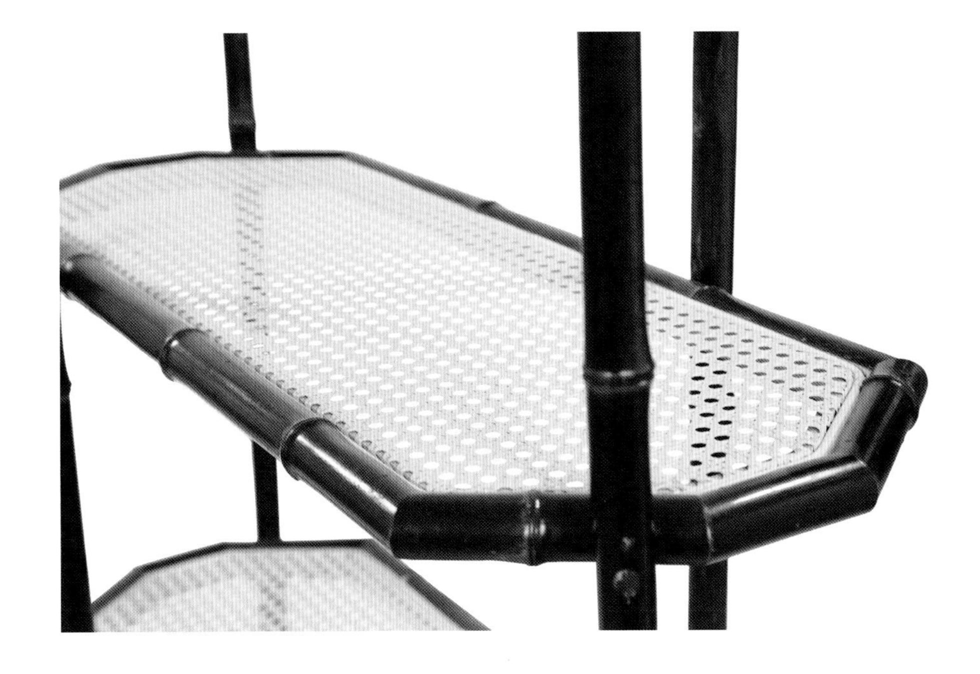

以竹代塑是实现低碳可持续发展的最佳途径之一。通过对竹材的学习与探索，作者希望作品表达：一方面，对圆竹的传统制作工艺及文化内涵的吸收与转化；另一方面，对现代文明与技术创新作出的思考，并将这种思考融入作品设计中。

作品以紫竹与藤编为材料，传承圆竹制作工艺和竹编技艺，榫卯加固连接，圆竹弯曲交错，优美的曲线形状源于竹材的自身张力，部件之间相互制约达到整体的稳定与和谐。

“知竹”旨在将这一类自然雅致的竹产品融入现代家居，并探索符合新时代社会精神的竹文化设计美学。

祁　萌

· 河南工程学院艺术设计学院讲师
· 澳大利亚堪培拉大学（University of Canberra）访问学者

研究方向为室内空间设计与文化研究、室内家具与陈设创意设计研究。校级优秀毕业设计指导教师、教学质量优秀奖获得者，曾数次指导学生在国内多个设计大赛中斩获佳绩。

Work Design

Description 作品设计说明

叠·趣

——基于模块化理念的竹家具设计

作者姓名：祁　萌（河南工程学院）

指导教师：宋莎莎　高　扬

企业支持：浙江三箭工贸有限公司

本案是基于模块化理念进行的一系列竹家具设计。包括“小圆满”多功能坐墩、可结合空间大小进行组合与拆分的“FREE”置物架、“竹韵”多功能储物柜。组合取名“叠·趣”，源自该系列的家具设计，都是由单一的展平竹几何形框架（圆形或带有倒角的方形、矩形）重复叠加而成，进而实现其使用功能。

造型上，以简约的几何造型为主；材质上，以竹材为主，辅以铸铁、黄铜配件及记忆海绵织物进行椅腿部分的支撑和坐墩内垫的填充；功能上，“小圆满”坐墩既可合二为一使用，也可把软包织物取出独立成墩，同时实现剩余部分的收纳、储物功能。“FREE”置物架，可结合不同的空间形态进行弹性的组合与拆分。“竹韵”多功能储物柜，可根据受众群体的需求，被定义为书柜、置物柜、边柜等，搭配多元化空间场景使用。

PERSONAL PROFILE 个人简介

田霖霞

· 南京林业大学硕士研究生

· 浙江广厦建设职业技术大学讲师

· 主要从事传统家具及软装设计相关研究

Work Design

Description 作品设计说明

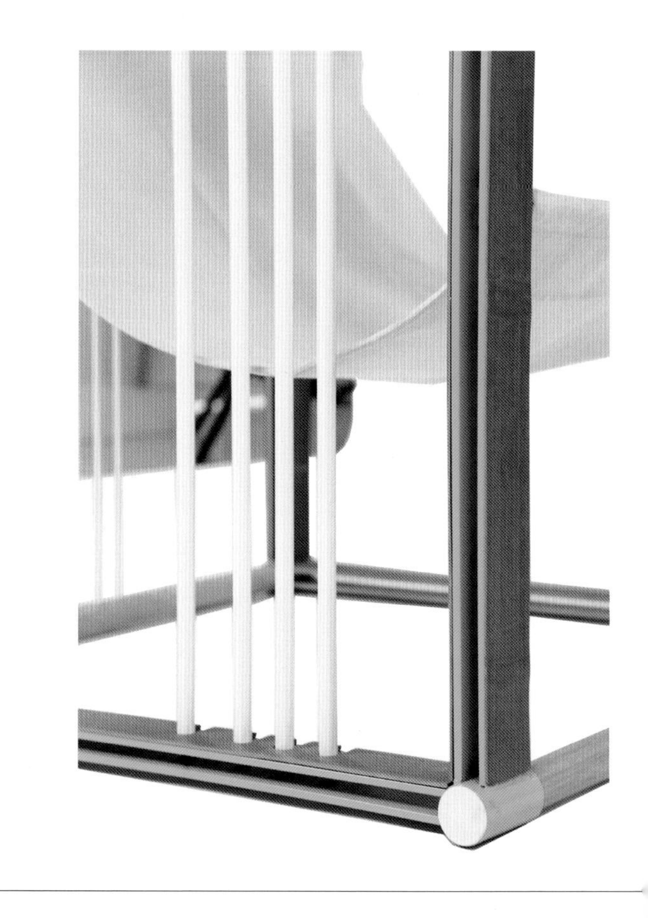

正椅

——基于竹文化内涵的现代座椅设计

作者姓名：田霖霞（浙江广厦建设职业技术大学）

指导教师：宋莎莎　高　扬

企业支持：龙竹科技集团股份有限公司

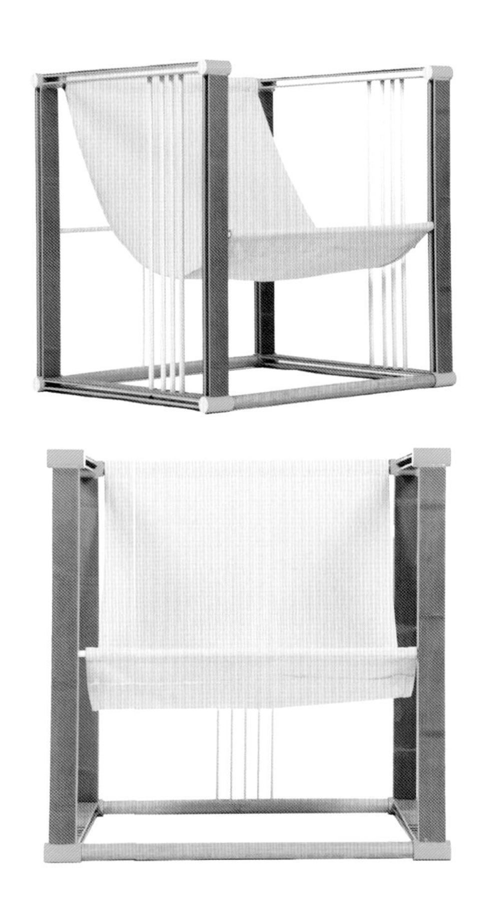

探究竹蕴含的文化内涵，在曲直、刚柔之间，展现山川岩骨的精气，岁寒论君子，碧绿织新春。竹的绿色给人凛然正气，同时又不失温润的质感。设计从竹的色彩和造型出发，以展示竹的精神内涵为目的。设计灵感来源于汉字“正”，选材上应用了圆竹、竹片、竹皮等，结合树脂材料进行结构连接，结构部件采用钢板贴面处理，金属栅格增加结构强度，柔软皮质座面实现承托。造型上与现代设计思想交汇，致敬包豪斯，以简单的线条构成设计要素，四平八稳，方方正正，简单利落；座面自然垂落的曲线，在方正中增加一抹动势。

PERSONAL PROFILE 个人简介

王传龙

- 廊坊师范学院美术学院产品设计系讲师
- 河北省工艺美术学会理事
- 猿点工业设计有限公司联合创始人
- 国家人力资源和社会保障部SYB创新创业导师

从业以来长期致力于产品设计实践、研究及教育工作，并注重业务成果转化与实施，期冀将优秀的中国传统文化融入现代的设计教育与实践；研究方向为文化创意产品设计、室内及家居设计、可持续设计；主持科研课题4项，横向项目多项；在《文艺理论与批评》《当代电影》等刊物发表论文及作品10余篇。

π 圆竹茶几
——基于可持续理念的竹家具设计

作者姓名：王传龙（廊坊师范学院）
指导教师：宋莎莎　高　扬
企业支持：杭州临安风宋工艺品有限公司

本设计结合对安吉竹材产地、浙江竹家具企业及家具用户研究等一系列的探索，引出了对当下竹家具设计方向的思考——创造一件具体的竹制家具，还是引导一种可持续的生活方式？如何让竹家具融入现代人的生活？产品的创新方向不仅需要打通生产方和用户方的诉求，而且要兼顾其在生产、消费、流通、使用、废弃各环节的可持续性。

在就地取材的基础上，以竹农群体选材、碳化、分段、切削等标准化初加工流程最大化利用材料。这不仅可以发挥农村剩余劳动力价值，帮其在农闲时提高经济收入，而且将传统手工艺进行了返还，有助于在文化活动和体验中发挥传承之效。

产品的形态思考基于圆竹这一原始材料展开，尽量减少材料使用和机器加工带来的碳排放和工业化。不过于强调精细化手作和极端的全竹材应用，以期降低用户购买成本。尝试在把握竹材特性与传统工艺的基础上，让竹材和其他材料适当结合，使家具能更好地融入当下的居家场景。

村镇工厂的二次加工主要在于构配件的表面处理和配置。包装和运输采用扁平化方式及轻量化设计。组装方式和连接件也尽可能使用原始工艺和方式，如竹材弯曲和竹钉结合。

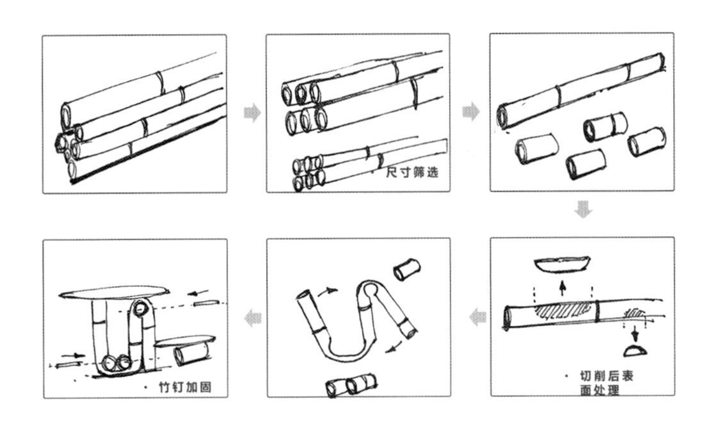

“可持续”不是“无废”，而应该像 π 这一圆的原始属性，去延长、放大家具产品的生命力。竹材从青绿到黄褐的色彩与质感转变，为人－家具－室内营造了对话与思考的另一种可能性，形成使用者情感的注入、转变与延续。

由于 π 圆竹家具仅使用了有限的材料种类圆竹结构、标准化玻璃等，因此，其在结构的可更换及分类回收角度拥有一定优势。废弃竹材的全自然降解作为天然肥料再次回归毛竹林地。

以 π 圆竹茶几作为具有代表性的竹家具系统化解决方案抛砖引玉，期待更多圆竹家具设计方案和生活方式的创新生成，带动乡村、城市、生态的可持续协调运转，让众多利益相关群体实现共赢。

1 选材

2 碳化

3 打磨

4 调直

5 测量

6 分段

7 切削

8 烘烤

9 弯曲

10 找平

11 钻孔

12 竹钉

13 定型

14 浸煮

15 晾干

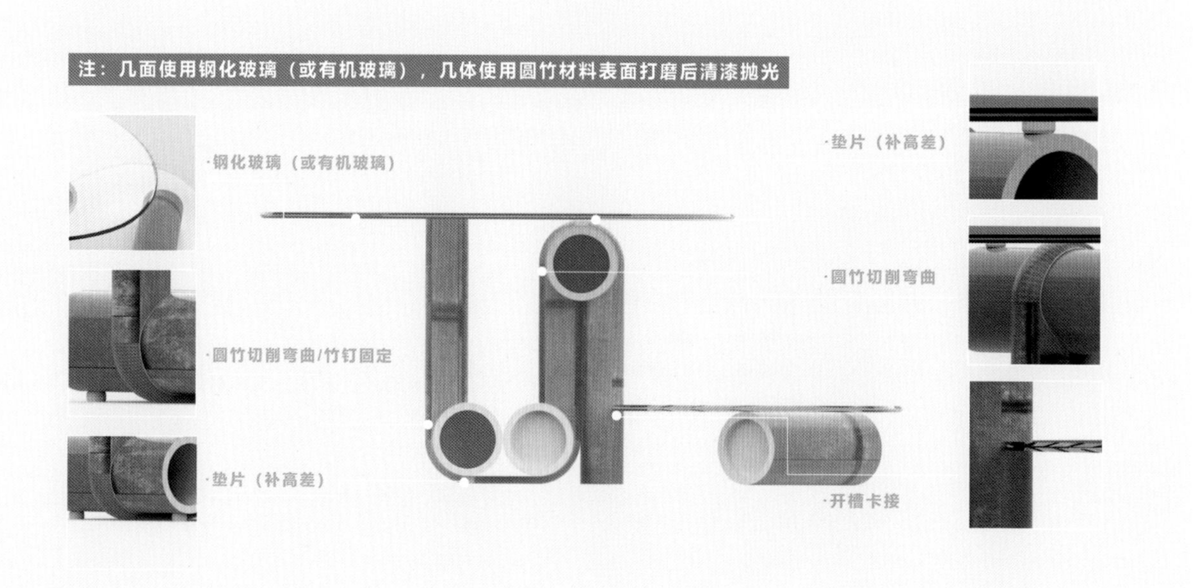

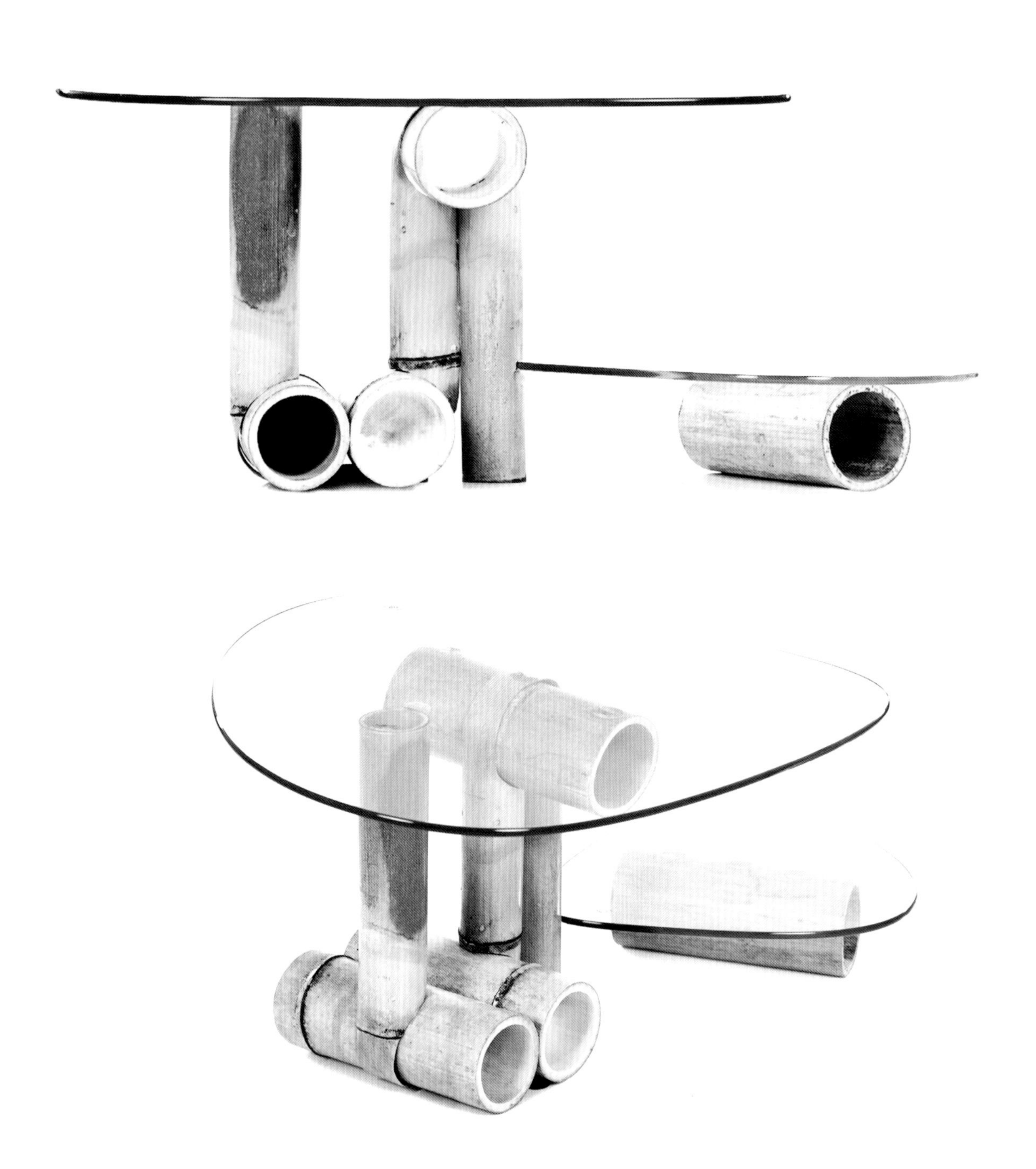

王金凤

· 天津工业大学服装与艺术学院（现为艺术学院）设计艺术学硕士研究生
· 安阳学院副教授

多年来主要从事中国传统文化与当代设计研究，先后主持及参与河南省教育厅人文社会科学研究项目“殷商文化基因提取与设计应用研究”、河南省教育科学“十三五”规划一般课题“地域文化传承视角下地方高校艺术设计专业人才培养模式研究”等省市级科研项目10余项，发表学术论文20余篇。从事产品设计教学10余年，荣获河南省教育科学研究成果二等奖1项。

Work Design

Description 作品设计说明

“竹马”幼儿园座椅设计

作者姓名：王金凤（安阳学院）

指导教师：宋莎莎　高　杨

企业支持：浙江三箭工贸有限公司

幼儿是祖国的未来，他们对社会的认知与价值观将影响未来社会发展方向。该设计以幼儿为目标使用人群，旨在让幼儿从小对竹家具以及竹材形成正确的认知和接纳，助力竹家具及竹材在未来社会的传承与推广。“郎骑竹马来，绕床弄青梅。”儿童的天真与竹材的自然属性不谋而合，儿童家具的使用周期短、更换频率高，这与竹材的快速生长成才更为契合。此外，竹材作为一种天然环保材料，具有调节室内湿度、吸收紫外线、抗静电等优点，有益于人体健康，能够满足儿童家具用材安全性的要求。该设计结合目前幼儿园大量使用的木质座椅及塑料座椅的优点进行竹材儿童座椅设计。其设计要点为健康的选材，健康的坐姿；轻薄简约的造型；可堆叠的结构设计。

PERSONAL PROFILE 个人简介

王　莉

- 海南大学美术与设计学院副教授、硕士生导师
- 清华大学访问学者
- 海南省拔尖人才

中国室内装饰协会“设计教育工作委员会”副主任委员；北大核心期刊《家具与室内装饰》编辑委员会审稿专家。研究方向为环境艺术设计、家具设计与理论。

Work Design
Description 作品设计说明

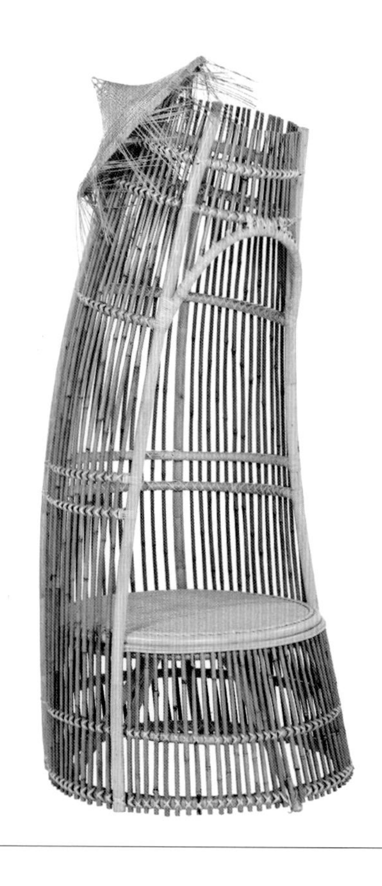

竹·构

——虚心劲竹，和谐共生

作者姓名：王　莉（海南大学）
指导教师：宋莎莎　杨育萍
企业支持：海南藤后实业有限公司

党的二十大报告中提出：推动绿色发展，促进人与自然和谐共生。我国竹类植物资源丰富，栽培利用历史悠久，竹文化底蕴深厚，素有“竹子王国”之美誉。竹子是大自然馈赠人类的宝贵财富，具有速生、可再生、一次栽培年年出笋、蓬勃生长、永续利用的自然生态属性。目前，我国大力发展竹产业，倡导绿色消费，助力实现“双碳”目标，推动形成绿色低碳的生产方式和生活方式。

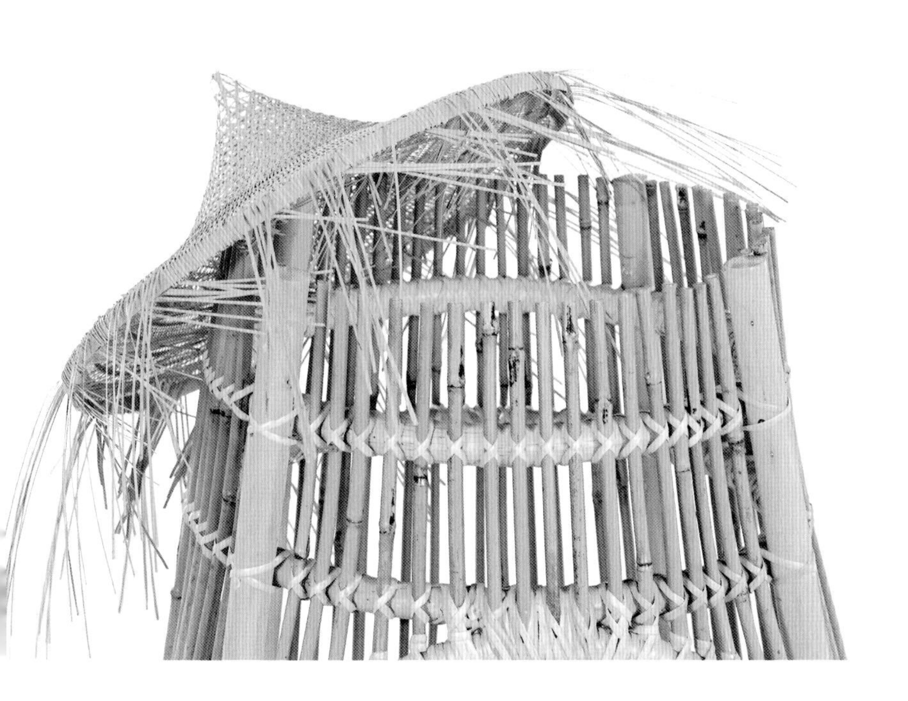

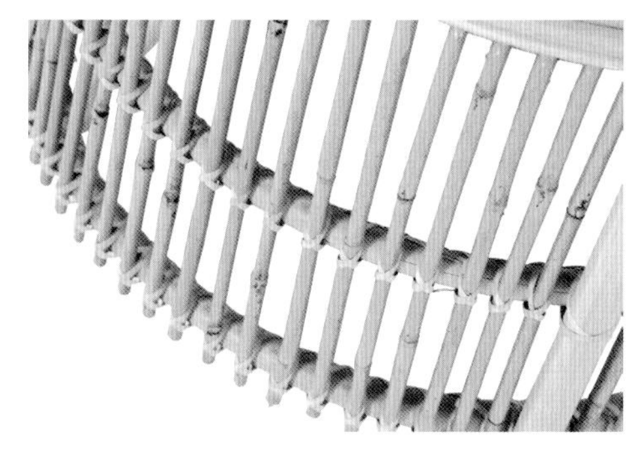

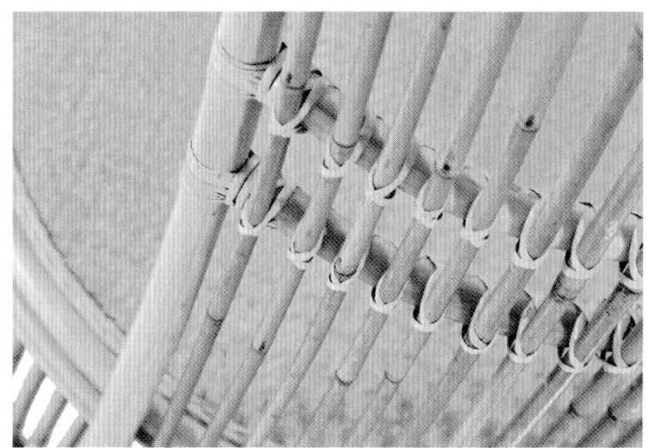

作品立足于民生福祉，以提高人民生活品质为初心。竹具以民宿、庭院为创作载体环境，以竹户栽培的竹藤为原材，民间手作制成家具器型，传统工艺，铆钉固定，藤条扎捆，竹编技艺。主要工序为选料蒸竹、弯曲定型、钉架制形、编织收口、打磨烧毛、刨光细磨、底油面清等。

本坐具采用直径1.3～1.5cm的茶竿竹为主材，直径1～4cm的印尼玛瑙藤为捆扎辅材，由52根长竹、48根短竹、12条藤材组合而成。家具正视结构纵横虚实，八环四柱，环环相扣，层层递进，齐心协力；俯视结构日月同心，细竹绕环，绿竹猗猗，和衷共济；侧视形体呈现“C”形，隐喻开放、包容、合作、联结之意。竹具形质简易坚固，精谨秀挺，虚心遒劲，画圆归一，寓意“海纳百川，和谐共生”。

PERSONAL PROFILE 个人简介

王锡斌

- 肇庆学院美术学院教授、硕士生导师，产品设计系专业负责人
- 清华大学访问学者

广东设计三十周年“设计名师榜”上榜人物；中国机械工程学会工业设计分会委员，广东省家具协会理事，广东省林学会木竹材加工利用专业委员会委员，《工业工程设计》杂志专家委员会委员。研究方向为新型竹木家居产品设计、教学及推广。

"循SHENG"
——基于可持续发展理念的公共家具设计

作者姓名：王锡斌（肇庆学院）
指导教师：宋莎莎　高　扬
企业支持：浙江三箭工贸有限公司

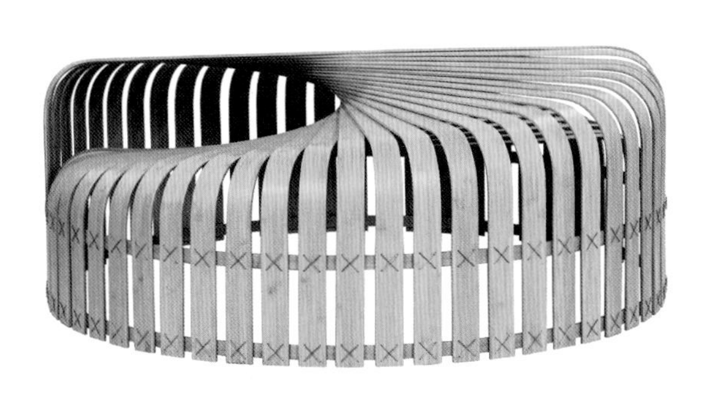

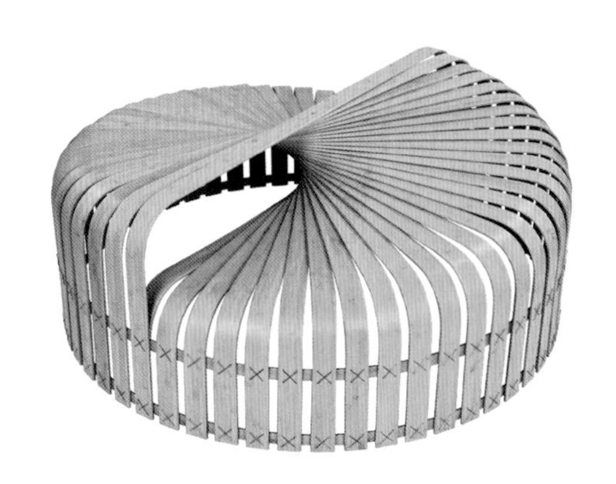

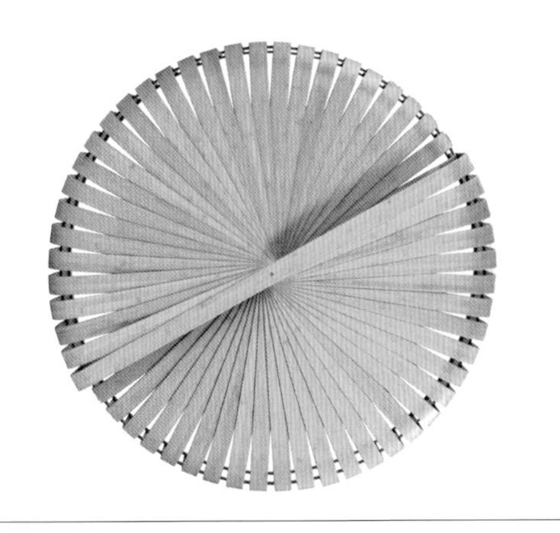

循SHENG，是循生，也是循升，更是循声。循生者，遵循生命的本义，遵循材料的本性展开设计，用尽可能简单的加工工艺实现产品的设计价值；循升者，在循环中螺旋上升，寓意着事物发展的客观规律，周而复始，循环上升；循声者，发挥公共坐具的宣传引导作用，吹响可持续发展的时代号角，吸引更多的人循声而至，加入可持续发展的大军中来。

此公共坐具由热弯竹集成板旋转堆叠而成，结构简单。不同身高的人均可在徐徐上升的座面中找到适合自己的位置。处低位者可有扶手依靠，而于高位者则需独立而坐。

PERSONAL PROFILE 个人简介

吴 珏

· 浙江理工大学艺术与设计学院讲师

· 研究家具与室内设计的理论与实践等方向

Work Design
Description 作品设计说明

竹花篮

——篰竹中式边几

作者姓名：吴　珏（浙江理工大学）
指导教师：宋莎莎　高　扬
企业支持：杭州所氏圆竹家具有限公司

该设计分别从形式、功能、材料综合利用3个方面对传统圆竹家具进行创新探索。

形式上，该设计借鉴潮汕民间办喜事必备的神器吉祥喜庆的竹花篮，象征人们对美好生活的追求和祝愿，在家居设计中引起人们情感共鸣。

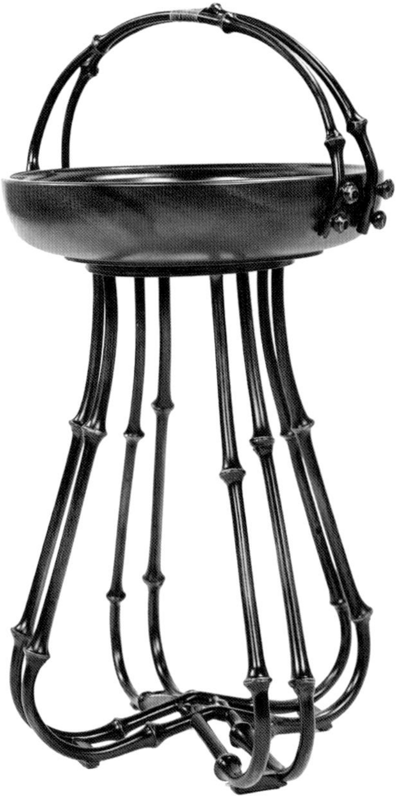

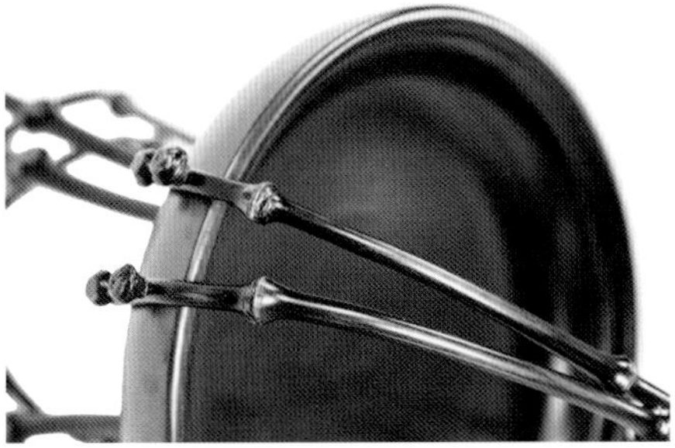

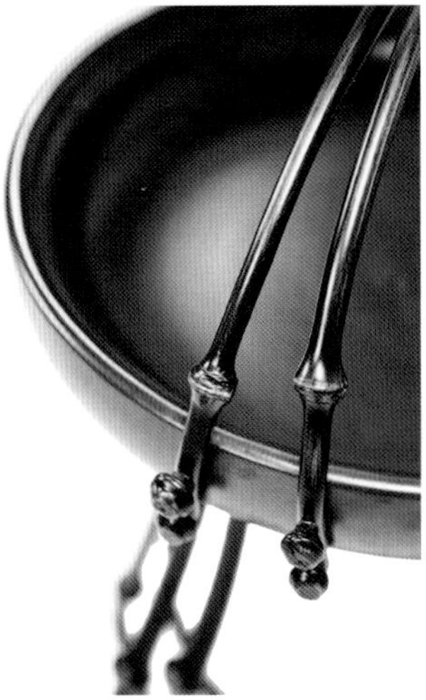

功能上，边几的上部提篮，可以提起来，当个小托盘，放置茶点或早餐，灵活多变，满足人们在现代生活中多种场景中实用需求。

材料上，边几上半部分采用竹质提手装饰，木质托盘暗红色饰面。腿部采用云南特产的筇竹，独特弯曲工艺，精细制作而成。筇竹特有色泽质感和富有装饰感竹节，给竹家具带来浓郁东方古典气质。传统的圆竹家具融入竹编和木制品的元素，丰富产品语言。

这一设计在传统工艺传承中融入现代设计理念和实用功能需求，符合现代审美的同时，又满足当代人们在喝茶等多场景中方便移动的使用需求。

徐晓莉

- 山东大学硕士研究生
- 广东技术师范大学美术学院副教授、硕士生导师，文创产业学院知识产权中心主任
- 工业设计师

主要从事产品设计和品牌形象推广研究工作；近5年主持过省级以上科研课题7项、校级课题2项、横向课题5项，建立大学生校外实践基地2个，发表论文13篇，主编教材2本，设计作品获得专利13项，获奖多项。

Work Design
Description 作品设计说明

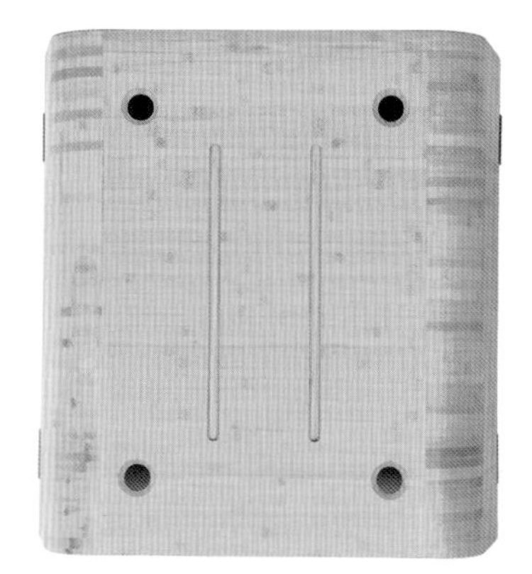

竹聚
——多功能模块化共享空间

作者姓名：徐晓莉（广东技术师范大学）
指导教师：宋莎莎　高　扬
企业支持：浙江三箭工贸有限公司

公园是城市的重要组成部分，逛公园是现代人们生活的重要一环。城市公园的服务质量事关人们的生活质量，如何在生态环保的前提下提升城市公园的服务质量是城市公园建设的重要课题。“竹聚”是一款基于共享经济理念下为城市用户提供多功能共享空间的产品，它不仅能够满足用户日常游憩需求，减轻用户出行负担，提升用户体验，而且还能够助力城市生态文明建设。

“竹聚”产品一共由3个模块组成，具有造型简洁、结构巧妙、使用方便、功能多样等优点。模块一的数量是1，具有承载和置物功能；模块二的数量是2，具有支撑和调节功能；模块三的数量是4，起到组装和连接的作用。用户可以根据自身需要将模块组合成3种不同的状态，一是展平状态，二是叠高状态，三是内嵌状态。

该产品表面圆润光滑，确保用户在使用过程中的安全性，其尺寸设定以人体尺寸为依据，确保用户使用过程中的舒适性。竹聚的使用以人脸识别为启动方式，一人只可取用一套，多人取多套，组装简单，拆分容易。一种设计，无限可能，多功能模块化共享空间是城市用户现代生活的新宠。

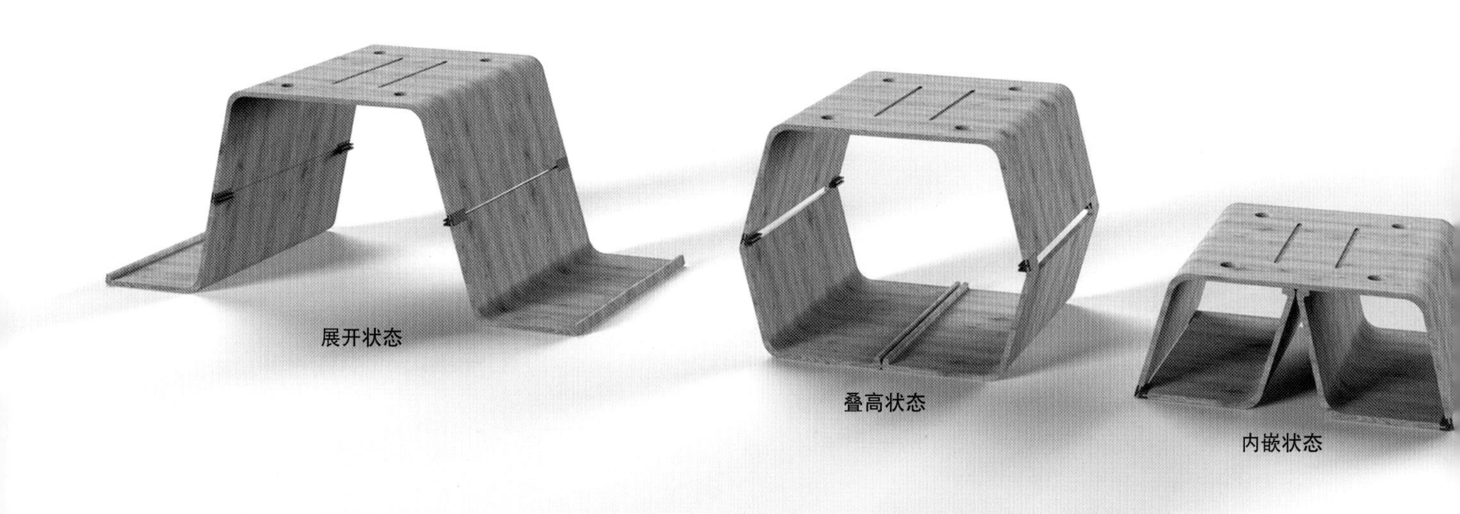
展开状态
叠高状态
内嵌状态

谢传月

- 固始县非遗竹雕代表性传承人
- 信阳市非遗竹坝制作技艺代表性传承人
- 河南省雕塑工艺师
- 国家二级艺术品鉴定评估师
- 守艺堂雕刻工作室创始人

Work Design

Description 作品设计说明

笃篁雅趣

——游走在刀尖上的艺术

作者姓名：谢传月（守艺堂雕刻工作室）

指导教师：宋莎莎　高　扬

企业支持：守艺堂雕刻工作室

竹刻也称为竹雕，始于汉唐，盛于明清，传承至今，是以竹子为载体，以刻刀为笔，在竹制器物之上奏刀，将山水、花鸟、人物、草虫等题材画面以不同的技法刊刻于竹材之上，使作品在不失功能性的同时兼具笔墨情趣和空间立体感的一种传统技艺。因此，竹刻也被称为“刀的艺术”，作为工艺美术门类中重要的一员，它历经千年，竹刻制品在中国历代文人的极力推崇及参与创作下，已从由工匠制作的工艺品转而成为高雅的艺术品。竹刻制品被年赏玩后，竹皮色呈现淡黄，温洁如玉，竹肌色呈红褐，颜色、质感对比明显，古朴淡雅，别具美感。此次创作的“笉篁雅趣”竹刻作品，宜置于书房、茶室中，与竹家具相互映衬，旨在为雅室增添些许趣味景致。

5 打样企业

浙江三箭工贸有限公司

浙江三箭工贸有限公司（简称三箭）坐落在“中国生态环境第一县”——浙江庆元，成立于2011年1月12日，占地面积27.155亩，拥有自建厂房和综合行政办公楼34122.22平方米，是一家集研发、生产、销售于一体的创新型外贸企业。公司旗下有“曲天下”和“三剑”两大自有品牌，主营产品是以优质竹材为主原料，通过自有的发明专利技术，加工竹材异形产品及其竹布工艺融合系列、曲竹相框与镜子融合系列、曲竹相框与灯具融合系列等家居生活与装饰用品。产品远销美国、大洋洲、欧洲等地。

公司属“国家高新技术企业”，市级“企业技术中心”，市级“知识产权示范企业”；并先后获得浙江省小微企业“成长之星”、省AAA级“重合同，守信用”单位、省级“消费者信得过单位”、省级“骨干农业龙头企业”、省级“林业重点龙头企业”等荣誉。

三箭一直坚持科技引领、专注竹材弯曲应用的创新，重视产学研结合，不仅是福建江夏学院的校外实践教学基地、浙江农林大学化学与材料工程学院竹材设备研发的长期合作企业，更与南京林业大学共建“省博士后工作站”和“竹材弯曲家居产品技术研发中心”，实现关键技术的改进和突破。目前已拥有自主研发新型竹材设备80余套；曲竹系列产品1000余种；专利技术105个，其中发明专利20个。

公司以“魅力竹弯曲，三箭领天下”为口号，秉持一股创新的原动力和对竹文化的独特情怀，不断开创竹材利用新篇章。

杭州所氏圆竹家具有限公司

杭州所氏圆竹家具有限公司（原杭州所氏竹业有限公司）是一家致力于原生态竹材开发与研究，利用新型材料生产各类家居、家具以及户外建筑用材的，具有较高科技含量的企业。所氏竹业创造性地将竹结构连接技术、竹子表面涂层技术、竹材防霉变防裂技术等融为一体，其研究成果得到了国家林业和草原局、国际竹藤中心等政府机构的高度认可与支持，是国内唯一与国家林业和草

原局及国际竹藤中心合作的圆竹产品研发企业，也是国际竹藤组织唯一指定圆竹家具培训基地。公司一直倡导绿色、生态、环保的理念，以竹文化为载体，开发圆竹家具，颠覆了几千年来传统的原始设计及结构和涂装新工艺，10多年来共获得发明专利、实用新型专利、外观专利、商标等12项。2010版电视剧《红楼梦》潇湘馆的138件圆竹家具均为所氏竹业产品。拍摄结束后，这些作品被中国电影博物馆收藏。同年，北京红楼文化博物馆收藏了该公司38件圆竹家具产品。

龙竹科技集团股份有限公司

龙竹科技集团股份有限公司地处素有“林海竹乡”美誉的福建省南平市建阳区，公司创建于2010年4月，注册资金1.48亿元，是一家集竹家居制品、竹建筑装饰类材料和竹自动化机械的研发、设计、生产和销售于一体的高新技术企业。公司坚持以“让竹子成为人们追求美好生活的忠实伙伴”为企业使命，践行“品质为先、自驱自强、勇于担当”的企业价值观，致力于成为竹行业的领军企业。

公司2014年12月挂牌“新三板”，2020年7月获批进入精选层，2021年11月成为全国首批、福建首家及竹行业首家北交所上市公司。近年来，公司先后获得“国家高新技术企业”“国家知识产权优势企业”“农业产业化国家重点龙头企业”“国家林业重点龙头企业”“国家绿色工厂”“福建省工业企业质量标杆企业”“福建省未来独角兽企业”“福建省‘专精特新’中小企业”等多项国家和省级荣誉。

公司遵循“创新驱动发展”的技术战略，实现了全竹利用的行业突破。2021年11月联合研发的新产品——“缠绕式竹吸管”被中国林产工业协会鉴定为国际领先水平，是龙竹科技无刻痕竹展开技术与微薄纵向刨切技术完美结合的产物。

公司坚持“以竹代塑、以竹代木”战略，结合整体产业布局努力推动和实现碳中和，达到可持续发展的目标。积极响应贯彻国家“脱贫攻坚”和乡村振兴战略，开展就业脱贫，主动吸纳驻地徐市镇贫困人员到公司“就业扶贫车间”上岗就业，长期坚持捐资助建美丽乡村工程，积极参与牵手助学、爱心捐赠等社会公益活动，担当企业社会责任。

海南藤后实业有限公司

藤后实业有限公司成立于2018年，是一家集种植、研发、设计、生产、销售、运输、售后服务于一体的全藤竹业态生态链发展有限公司，设立宗旨秉承中国传统文化、弘扬藤编技艺精神，发扬藤文化，迎合新国潮。

公司旗下创立两大品牌“藤后”“黎藤织恋”。藤后为家具软装定制化品牌，为设计师、特色小镇、美丽乡村、民宿客栈、主题酒店、特色咖啡厅等提供一站式配置解决方案；黎藤织恋定位为编织艺术文化传播品牌，海南黎藤资源历史悠久资源丰富，在海南自贸港背景下致力于打造海南乃至中国藤编业态第一品牌，满足海南国际旅游生态消费圈新概念，撰写中国藤编历史新篇章。